大连理工大学管理论丛

跨境环境污染成因与环境政策
——基于中国数据的实证分析与理论模型

徐学柳　王　倩
冉晨阳　马文强　著

U0352984

科学出版社

北京

内 容 简 介

本书针对国家"十三五"规划中的环境治理问题，从理论角度对作为世界贸易大国的中国的环境污染问题进行了分析。主要通过构建数学模型，从国际贸易引发的"污染转移"的视角，对污染物的"转移"进行了细致的分析。有效统合了哈里斯-托达罗的二元经济及科普兰特-泰勒的污染转移的模型，并且验证了 HOS 模型的两个推论依旧成立。还利用中国的数据对中国地方政府的执行力度及环境保护的效果进行了实证分析。模型和实证兼顾，内容充实且联系实际。本书填补了失业问题的空白。

本书适合国际贸易学、环境经济学、环境科学及可持续发展研究方向的广大师生阅读，也适合相关环保管理部门及相关专业的研究人员阅读。

图书在版编目（CIP）数据

跨境环境污染成因与环境政策：基于中国数据的实证分析与理论模型/徐学柳等著. —北京：科学出版社，2017.12
（大连理工大学管理论丛）

ISBN 978-7-03-054904-4

Ⅰ. ①跨… Ⅱ. ①徐… Ⅲ. ①环境污染-成因-研究-中国 ②环境政策-研究-中国 Ⅳ. ①X505 ②X-012

中国版本图书馆 CIP 数据核字（2017）第 259566 号

责任编辑：陶 璇／责任校对：孙婷婷
责任印制：吴兆东／封面设计：无极书装

科学出版社 出版
北京东黄城根北街 16 号
邮政编码：100717
http://www.sciencep.com

北京东华虎彩印刷有限公司 印刷
科学出版社发行 各地新华书店经销
*
2017 年 12 月第 一 版 开本：720×1000 1/16
2017 年 12 月第一次印刷 印张：9
字数：180 000
定价：62.00 元
（如有印装质量问题，我社负责调换）

丛书编委会

总　序

　　编写一批能够反映大连理工大学管理学科科学研究成果的专著，是几年前的事情了。这是因为大连理工大学作为国内最早开展现代管理教育的高校，早在1980年就在国内率先开展了引进西方现代管理教育的工作，被学界誉为"中国现代管理教育的先驱，中国MBA教育的发祥地，中国管理案例教学法的先锋"。大连理工大学管理教育不仅在人才培养方面取得了丰硕的成果，在科学研究方面同样取得了令同行瞩目的成绩。例如，2010年时的管理学院，获得的科研经费达到2000万元的水平，获得的国家级项目达到20多项，发表在国家自然科学基金委员会管理科学部的论文达到200篇以上，还有两位数的国际SCI、SSCI论文发表，在国内高校中处于领先地位。在第二轮教育部学科评估中，大连理工大学的管理科学与工程一级学科获得全国第三名的成绩；在第三轮教育部学科评估中，大连理工大学的工商管理一级学科获得全国第八名的成绩。但是，一个非常奇怪的现象是，2000年之前的管理学院公开出版的专著很少，几年下来却只有屈指可数的几部，不仅与兄弟院校距离明显，而且与自身的实力明显不符。

　　是什么原因导致这一现象的发生呢？在更多的管理学家看来，论文才是科学研究成果最直接、最有显示度的工作，而且论文时效性更强、含金量也更高，因此出现了不重视专著也不重视获奖的现象。无疑，论文是重要的科学研究成果的载体，甚至是最主要的载体，但是，管理作为自然科学与社会科学的交叉成果，其成果的载体存在方式一定会呈现出多元化的特点，其自然科学部分更多地会以论文等成果形态出现，而社会科学部分则既可以以论文的形态呈现，也可以以专著、获奖、咨政建议等形态出现，并且同样会呈现出生机和活力。

　　2010年，大连理工大学决定组建管理与经济学部，将原管理学院、经济系合并。重组后的管理与经济学部以学科群的方式组建下属单位，设立了管理科学与工程学院、工商管理学院、经济学院以及MBA/EMBA教育中心。重组后的管理与经济学部的自然科学与社会科学交叉的属性更加明显，全面体现学部研究成果的重要载体形式——专著的出版变得必要和紧迫了。本套论丛就是在这个背景下产生的。

本套论丛的出版主要考虑了以下几个因素：第一是先进性。要将学部教师的最新科学研究成果反映在专著中，目的是更好地传播教师最新的科学研究成果，为推进管理与经济学科的学术繁荣做贡献。第二是广泛性。管理与经济学部下设的实体科研机构有 12 个，分布在与国际主流接轨的各个领域，所以专著的选题具有广泛性。第三是纳入学术成果考评之中。我们认为，既然学术专著是科研成果的展示，本身就具有很强的学术性，属于科学研究成果，有必要将其纳入科学研究成果的考评之中，而这本身也必然会调动广大教师的积极性。第四是选题的自由探索性。我们认为，管理与经济学科在中国得到了迅速的发展，各种具有中国情境的理论与现实问题众多，可以研究和解决的现实问题也非常多，在这个方面，重要的是发动科学家按照自由探索的精神，自己寻找选题，自己开展科学研究并进而形成科学研究的成果，这样的一种机制一定会使得广大教师遵循科学探索精神，撰写出一批对于推动中国经济社会发展起到积极促进作用的专著。

本套论丛的出版得到了科学出版社的大力支持和帮助。马跃社长作为论丛的负责人，在选题的确定和出版发行等方面给予了自始至终的关心，帮助学部解决出版过程中的困难和问题。特别感谢学部的同行在论丛出版过程中表现出的极大热情，没有大家的支持，这套论丛的出版不可能如此顺利。

大连理工大学管理与经济学部

2014 年 3 月

目　　录

第1章 导　　论

1.1　背景介绍

发达国家以污染世界为代价先把经济发展了起来，然而今日最令人瞩目的却是发展中国家的经济发展是如何对环境产生负面影响的。

发展中国家为了国内生产与发达国家之间发生着无声的稀有资源掠夺战。但事实却是发展中国家生产的一部分产品供往发达国家。因为生产，发展中国家破坏了自国的环境，也产生了不可回避的越境污染。因而，进一步引发了发达国家的不满。显而易见，发展中国家处于两难之中。另外，贸易波动较大，环境保护政策日趋严格，发展中国家国内的就业职位时而增加，时而减少，导致了农村-城市劳动力转移现象反复发生。

此外，发达国家国内经济已经发展到了一定的程度，国内的需求已经被"开发"到了一定的程度而使发展停滞在某一水平。为了经济的进一步增长，贸易的内生革新悄然而生。例如，清洁能源的开发、回收等对环境友善的技术得到了充分的发展。基于 COP15[①]，发达国家的这些环保高科技在发展中国家会有很多的商机。此外，发达国家为了自国生产与出口贸易同发展中国家争夺着稀缺资源（石油、稀缺金属等）。发达国家的经济结构调整创造了新的就业岗位。然而，《京都议定书》签订之后，环境制度在发达国家日趋严格，众多的重制造业转移到海外进行生产。发达国家的污染制造业进入发展中国家市场，虽然给发展中国家闲置的劳动力提供了就业机会，但自国的就业却每况愈下。

长远来看，发展中国家的经济稳步发展，达到一定程度后，民众对环境的质量要求随之升高。因而，严格的环境制度的内生需求变得越发强烈。结果，从发

---

① COP15 是《联合国气候变化框架公约》第十五次缔约方会议，于 2009 年 12 月 7～19 日在丹麦首都哥本哈根召开。

达国家进入发展中国家的企业会受到环境规制的影响，这些企业倾向于退出环境规制变得严格的发展中国家，进而加剧了发展中国家的失业状况[①]。

来自世界的压力及国内的呼声，使得发展中国家对 CO_2 等有害气体的治理要求日趋严格，为了维持与发达国家之间的密切贸易关系，发展中国家制定适当的环境规制而保持经济增长持续不变，将福利最大化。本书的目的就是把以上的叙述数学模型化，进而分析不同的环境保护政策如何影响类似中国这样的发展中国家的经济发展路径。

贸易如何影响发展中国家的经济发展及自然环境？各种经验数据表明，贸易使发展中国家的工业得到了发展，但对环境的破坏也有所升级。典型的案例，如中国、印度等发展中国家为了经济发展接受发达国家的各种投资，其中包括污染性企业的进入。虽然在一定程度上帮助了发展中国家的经济增长，但国内自然环境持续恶化，跨境环境污染也随之发生。发展中国家的环境污染随着气体、液体渗透到了邻近国，令邻近国大呼不满。

依据大东（Daitoh，2008）的研究，随着外资引进型经济增长，虽然发展中国家经济成功地发展起来了，但仍然存在着贫困等问题。发展中国家的特征之一是依旧存在着农村部门的贫困问题，然而，农村部门的贫困会导致"农村-城市"劳动力移动，这正是城市失业问题的诱因之一。即使是今日，降低城市失业率对于发展中国家来说也是保持其经济发展的措施之一。另外，恶劣的环境也影响着贫苦的国家居民的生活质量。

因此，本书的目的是通过分析历史与现状，建立模型以探索适合发展中国家环境保护与贸易自由化的两全方案。另外，环境政策及国际贸易如何影响失业也是本书考虑的事项之一。

1.2　研究目的与本书的价值

本书的研究目的主要有两个。第一，梳理文献，展示模型的构造方法。第二，明确发展中国家最适合的"污染需求-污染供给"与城市失业问题的关系。详细内容请参考第 5 章。

---

① 此处只考虑环境规制如何影响企业的国际转移，以及劳动力的就业与失业问题。

下面简单介绍哈里斯-托达罗（Harris and Todaro, HT）型经济的失业与环境理论。

考虑发展中国家的环境污染问题、城市失业问题之前，先梳理一下文献。发展中国家农村-城市人口移动、失业问题、环境、资源等问题研究中经常被用到的是哈里斯-托达罗（Harris and Todaro, 1970）模型及它的各种扩展模型。事实上，开展发达国家、发展中国家工业化迁移研究的最早的是路易斯（Lewis, 1954, 1958）。路易斯指出，资本家为了将第一期获得的利益用于第二期的投资，假设劳动力需求可以自由扩张，发展中国家向发达国家转型的工业化"转换点"（turning point）理论首次被提出，可惜的是失业问题并没有被提及。哈里斯-托达罗（Harris and Todaro, 1970）扩展了路易斯理论，并考察了在城市最低固定工资制度下，国内劳动力不受限制的转移情况及失业均衡。他们的理论被严厉地批判，被扩张成各种形式。其中，把哈里斯-托达罗（HT）理论精致化的代表作也有很多，如芬德利等（Findlay et al., 1975）、菲德斯（Fields, 1975）、托达罗（Todaro, 1976）、马祖达（Mazumdar, 1976）、尼瑞（Neary, 1981）等。初次导入非正式生产部门（informal sector）的是钱德拉和汗（Chandra and Khan, 1993）；赵志钜和俞肇熊（Chao and Yu, 1993）考虑了工业部门的垄断竞争产业；哈里斯-托达罗（Harris and Todaro, 1970）没有明确地描述动态经济系统，因而，本奇文加和史密斯（Bencivenga and Smith, 1997）首次将高斯定理（Chaos theory）导入哈里斯-托达罗（Harris and Todaro, 1970）模型，考察了动态"劳动力移动"的循环及经济增长，成功地将HT型的劳动移动和经济增长模型结合起来。在他们的论文中，最低工资并没有被固定，而是同时间共同变化，具有内生性。他们的模型设定于闭锁大国经济（large closed economy）之下，并被发现随着时间的漂移HT均衡反复存在。

HT均衡虽然是简单的数学模型，却因能将复杂的失业问题、劳动力城乡移动简单地展示出来，所以一直被众多的经济学者所爱用。因此，HT均衡成为了研究发展中国家经济发展问题的典型的研究方法而被广泛地使用。

此外，在研究发展中国家环境资源问题的文献中也有无数的经济学家引用了HT型的经济，其中包括迪恩和干帕蒂亚（Dean and Gangopadhyay, 1997）、赵志钜等（Chao et al., 2000）、大东（Daitoh, 2003, 2008）。大东（Daitoh, 2003）还分析了在闭锁HT经济背景下的城市污染税的标准。大东展示了在小型闭锁经济的短期模型中，制造业雇佣增加的条件依存于制造业产品需求价格的弹性。改善福利的重要的充分条件为低范围的初期污染税。

大东（Daitoh，2008）将此模型扩展到开放型经济，以往模型的"条件"依赖于生产要素之间的替代/互补关系。这些"条件"不得不依赖城镇化和农村部门劳动力报酬递减的强度。

哈里斯-托达罗模型在一些文献中多被用来解释城市失业率缓和与污染减排政策的关系。对于污染源的设置主要有三种：对环境产生恶劣影响的污染性投入、中间产品和最终产品。针对这三种不同的产品相应的环境政策也不同，如限制城市工业部门污染性投入的环境政策、污染性中间产品投入的环境政策、控制对农业部门生产造成负面影响的工业部门生产的环境政策。

一般随着城市工业生产部门污染性投入的课税增加，工业生产产量减少。工业部门为了降低生产成本，必须降低工资，但是，由于城市部门的最低工资是固定的，只能选择减少劳动力的雇佣。换句话说，就是城市部门失业人数增加。由于工业产量减少，该国开始从海外进口城市部门本来该生产的工业产品。另外，国内工业产品的价格在一定程度上可以考虑为海外工业产品价格加上关税。如果关税也因为某种原因减少，该国城市部门的工业生产物也会进一步减少。结果，城市工业部门的失业人数会持续增加。以上都是简单的推测，失业人数和失业率的变化也不一定保持一致，详细内容请参考第 3 章。

哈里斯-托达罗模型是将城市部门最低工资、部门间劳动移动及失业之间的关系数式化的理论模型。在此模型中，城市生产部门的失业消解方法有两种：增加农村部门的劳动界限生产性，或者降低城市生产部门的最低固定工资。一般，使用哈里斯-托达罗研究环保政策的文献，主要运用上述的两种方法来降低失业量或失业率。

1.3　污染排放与处理的四种研究方法

1.3.1　污染性投入的研究

在这个领域中，首次研究工业部门污染性投入、污染物控制的是友和

（Yohe，1979）。而且，英格纳和俞肇熊（Ingene and Yu，1982）已经推出了刚性工资（rigid-wage）这一模式。罗纳德和芭芭拉（Ronald and Barbara，1989）也证实了他们的发现。

罗纳德和芭芭拉（Ronald and Barbara，1989）分析使用污染性投入、劳动力、资本的城市工业部门，与使用劳动力和资本的农业部门的二元经济中实施污染物减排的政策影响。此模型假设资本和劳动力可以自由在两部门间移动，并分析了污染排放的环境政策变得严格后会对哪一类生产要素的价格产生影响。结果表明，如果环境税增加，资本的借贷利率会减少，农业部门的劳动力工资会增加。因此，城市部门的失业量明显减少。但是，严格的环境政策是否能影响国民收入，在此模型中不能确定。

大东（Daitoh，2008）的目的是在环境保护（污染性产品的环境税）和贸易自由化（污染性产品的进口关税）的背景下，分析可以改善城市失业和提高福利的条件。他对小国开放的二元经济体系比较关心。这种经济结构，由使用劳动力、特定的资本、污染性投入的城市工业部门和只投入特定的资本与劳动力的农村农业部门构成，即在生产工业部门使用的污染性投入对消费者效用有直接的负面影响，但不影响农业生产。这种经济结构下，适合从国外进口工业制品，对应征收关税，或者出口农产品到海外。大东（Daitoh，2008）的主要结论有两个：第一，增加征收对城市工业生产部门的环境税，会增加城市工业部门的就业。仅当污染性投入和资本有着替代关系的时候成立。这时，关税的降低导致了失业的增加。第二，基于环境税的增加与关税的减少，城镇失业率水平的下降（增加）条件可被计算出来。

1.3.2　引发污染排放的中间产品的研究

迪恩和干帕蒂亚（Dean and Gangopadhyay，1997）构建了一个具有三个生产物的小型开放经济体系，他们研究了"对破坏环境的中间产品征收的出口税"和"城镇失业"如何影响第二最适生产及出口税设置。从短期来看，出口税加剧了城镇失业；从长期来看，出口税会减少城市失业。关于该模型的结构，考虑了使用原木（log）作为中间投入产品的农村生产部门和农业部门两个部门同时存在，两部门同时将土地和劳动力作为生产要素。原木的生产对农业部门的土地产生不利影响。所以，给作为农业部门生产要素的土地乘上受原木生产量影响的函数。他们的模型在城市部门设置了一个加工业部门，此部门的生产中需投入农村部门生产原木、劳动力和特定的资本。所有的部门都是完全竞争，规模报酬一定。农业部门的产出与投入生产使用的有效土地和劳动力的量呈等比增加关系。城市部门，因为资本要素是固定的，投入和产出之间呈等比例关系的比较少。劳动力市场遵循哈里斯-托达罗（1970）型劳动力转移方式。原木和农产品被出口，进口木材的加工产品。原木的国内价格是由国际市场给定的。他们还探讨了中间产品的出口管制对失业的影响。其结果表明，土地被作为固定投入的时候，中间产品的出口规制如果被实施，城乡的工资差距将会扩大，失业量也会增加。如果土地不是作为固定的投入，农业部门是劳动力密集型的话，工资差距会缩小，失业量也会减少。

赵志钜等（Chao et al.，2000）推导出在小型闭锁经济的结构下，对原材料的保护不会增加城市的失业。农村地区生产可出口的农产品。但是该国进口对环境会产生破坏的原材料（伴随着使用）。此外，该经济体通过使用劳动力和原材料在城市地区生产不能进行贸易的产品。在此模型结构中，赵志钜等构建了农产品部门和中间产品（原料）生产的两个农村农业部门，以及生产最终产品的城市工业部门两个部门。各部门的生产都使用土地和劳动力。在城市部门，投入被农村部门生产的中间产品。然而，在农村生产的中间产品，在政府的环保政策下不会全部投入城市的生产部门。此外，农产品是出口产品，为保护本国的环境，进口中间产品，城市生产的最终产品为非贸易品。作者在这种经济体系下，研究保护自然环境的政策如何影响失业。如果加强环境保护，封闭经济下失业会增加；如果进行贸易，有一个很大的可能性就是失业率不会增加。

1.3.3 污染性最终产品的相关研究

多和田道（Tawada，2006）在戈登和芬德利（Corden and Findlay，1975）与尼瑞（Neary，1981）型的哈里斯-托达罗模型中分析了由工业部门的生产活动引发的环境污染，以及随时间变化而具有自我净化功能的自然环境相互调整的动态机制。关于要素禀赋存量的变化，多和田道（Tawada，2006）展示了与上述的戈登和芬德利（Corden and Findlay，1975）及尼瑞（Neary，1981）相反的效果。在资本和劳动力的工业部门，与使用资本和劳动的农业部门的二元经济中，多和田道考虑了污染从工业部门向农业部门转移的可能性。其结果是，不能削弱哈里斯-托达罗的矛盾，在城市工业部门的就业促进政策并不总是能有效地消除城市失业，加强农村农业部门的政策是相当有效的。针对污染排放的环境政策如果越来越严格，农村的生产率会提高，也会增加劳动力工资。其结果是，城市部门的失业者会从城市转移到农村地区，以减少城市部门的失业问题。

像这样的污染排放设置，从提高农村地区的工资视角，验证了失业会减少的观点。这种观点完全是因为设置了对农村部门产生负面影响的函数。的确也没有改变哈里斯-托达罗模型的本质。

1.3.4 可消减污染的要素投入文献

研究污染产出是科普兰德和泰勒（Copeland and Taylor，2003）的主要目的，该著作的题目为"贸易和环境：理论与证据"（*Trade and Environment：Heory and Vidence*）。该著作针对如何确认和分离"贸易行为""经济增长"与"环境政策制定"之间的关系进行了分析。他们对"自由贸易是否对环境友善"更为感兴趣。因情况不同，不一定对自国和外国环境产生不利的影响。他们主要围绕两个重点问题展开：①由国际贸易而引发的经济活动增加是否影响环境质量？为了解释这个问题，必须阐明对方的经济活动的规模和污染减排技术的影响。如果实质的收入增长的话，也增加了对环境保护的措施。其结果是，污染减排的技术被推进，但这并不意味着经济活动的规模越大，环境变得越差。②环保政策如何影响一国的贸易伙伴？要解释这个问题，科普兰德和泰勒还利用"污染天堂"理论解释自国的环境政策如何影响贸易伙伴国的环境。

科普兰德-泰勒（Copeland-Taylor，CT）模型，一般设置了城市工业部门和农村农业部门，每个部门的生产都使用劳动力和资本。在国内市场，劳动和资本完全在两部门之间自由移动。城市工业部门在生产过程中排放污染物，但对农村部门的生产没有不利的影响。政府为了保护环境，对每单位来自城市工业部门的污染排放征收环境税。城市工业部门为了少缴税款，努力减少污染排放或者采用污染减排设备。因此，一部分的劳动和资本用于控制污染。

然而，通过使用 CT 模型的方法，2011 年以前还未曾有分析失业的相关文献。本书的目的是尝试将 CT 模型与哈里斯-托达罗模型融为一体，在研究哈里斯-托达罗的二元经济结构下，运用 CT 的污染转移模型研究污染转移点及失业量与失业率的变化。

1.4　失业和贸易理论

在自由贸易理论的世界里，基于技术比较优势理论区别的李嘉图贸易理论（Ricard，1963）、技术同质与要素禀赋比率不同而引发贸易的赫克歇尔-俄林贸易理论（Hechscher，1919，1929；Ohlin，1924，1933）、由规模报酬递增引发贸易的新贸易理论（Krugman，1979，1981；Helpman，1981），以及有争议的基于异质性企业微观数据的新新贸易理论（Melitz，2003；Bernard，1999）等几大理论被广泛认可。本节的目的是讨论贸易和失业。只是以上提到的贸易理论是要素价格具有弹性，且要素在部门之间可自由流动的自由贸易理论。在这些贸易理论中失业的设定是短期的，而且很快随着生产要素在部门间的移动，失业问题也会瞬间消失。

基于自由贸易理论，工资刚性是失业的诱因，被称为结构性失业。工资刚性可以被考虑为市场的不完全性。

伊藤和大山（1985）在《国际贸易》中指出，市场的不完全性有很多类。第一，国内要素市场价格是刚性的，有可能是供给和需求无法正常调整工作。这种现象是可以在劳动力市场上容易被观察到的特别现象。第二，由于某些生产要素在产业之间的移动比较困难，因此不同的要素报酬存于每个产业。像这样的报酬率的"二元结构"也被广泛地观察到。第三，参与市场的主体的企业，可能充当垄断价格设定者的角色。第四，市场没有充分准备所有的商品和服务。

在上述的研究文献中，转移成本和调整成本等被提及但没有被详细地展开讨论。因此，转移成本和调整成本的话题作为赫克歇尔-俄林-萨缪尔森（Hechscher-Ohlin-Samuelson，HOS）贸易理论的背景，失业的替代价值是可以通过严谨的论证而得到的。

1.4.1　斯蒂格利茨失业理论

研究贸易和失业的理论，主要是在贸易结构中引入由哈里斯-托达罗型经济的最低工资标准引发的工业部门失业问题。如上所述，哈里斯-托达罗的短期平衡与城市部门的最低工资标准紧密结合，但有必要对最低工资标准的现实性进行讨论。发展经济学中的工资差距研究，经常利用哈里斯-托达罗理论，但事实上是否如此，才是问题的所在。为什么最低工资制度存在？是政策问题，还是市场问题？

作者针对哈里斯-托达罗的最低工资标准，进行了广泛深入的文献研究，斯蒂格利茨（Stiglitz，1974）假设城镇部门和农村部门同时存在，雇佣方会因为劳动力的部门间移动花费相应的人员转移费用，从事农业部门生产的劳动力的工资固定在某一个特定的水平，城市劳动力的工资是不固定的。然而，当城市生产部门的雇主雇佣一个新的劳动力，如果这个劳动力在生产线上造成任何错误的时候，生产的速度将有所放缓，因此，这种情况叫作"雇佣一个新的劳动力的成本"（这种情况不考虑劳动供给市场，假设一个劳动力辞职，立刻能雇佣一个新的劳动力）。因此，农村-城市的劳动力转移会在农村与城市的工资价格相等的时候停止。此假设，如果农村工资高于城市，城市的劳动力完全转移到农村，农村生产部门将会接收整个经济体的所有劳动力。

因此，在城市部门，为了公司利润最大化，降低工资以雇佣更多的劳动力是不可行的。这是因为，在这一理论的假设中，一个新员工的雇佣要花费成本。尽管公司愿意为了雇佣大量的劳动力来降低工资，但是新入职的员工成本和利润可能会发生不平衡。而且这种经济的不平衡，最终会导致城市部门工资水平仍比农村部门工资水平要高。但是，如果农村固定工资可以变化的话，情况可能会不一样。但这将取决于该农村部门的生产设定。因为在这个模型中没有设置农村部门新员工雇佣成本，会导致"最低工资"存在的可能。

但是，两个部门若无差异地都花费新员工的成本，并遵循斯蒂格利茨理论（Stiglitz，

1974，那么，与上述不同，两个生产部门公平地产生失业。由于两部门员工的跳槽率被设定为两公司的工资比率，其结果遵循了纳什均衡。然而，哈里斯-托达罗（Harris and Todaro，1970）、斯蒂格利茨（Stiglitz，1974）都分析了公司的雇佣需求。

国际贸易理论一般认为，在一定程度上失业是整个经济的需求。李嘉图理论、赫克歇尔-俄林贸易理论、克鲁格曼和赫尔普曼的新贸易理论，甚至梅丽慈和伯纳德的新新贸易理论都有一个共同的假设，即"全雇佣"。不管是封闭经济，还是统合经济，无用的劳动力与资本是不存在的。然而，在现实的经济活动中，没有任何一个国家不存在失业问题。虽然这取决于工人的水平，但是充分就业的假设必然会导致低工资。因此，企业会参考某些标准，适当辞去一些劳动力，确保更多的被雇佣的劳动力有着适当的工资水准，也许，整体的效用有可能会高于全雇佣的状态。

因此，贸易和就业的正式理论模型已经被指出尚不存在（2011 年 3 月前）。如果想将贸易、环境与失业的关系明确化，就有必要先弄清楚"贸易和失业"的理论模型研究。

1.4.2　赫克歇尔-俄林-萨缪尔森理论

赫克歇尔-俄林-萨缪尔森（HOS）贸易理论证明了，哪怕是不能直接进行国际贸易的生产要素，如资本和劳动力，也可以通过使用他们生产的产品或者服务进行交易，展示要素价格国际均等化的可能性是此贸易模型的目的之一。要做到这一点，除了假设生产技术在两国相等外，还要假设两个生产部门的生产要素是可以自由地在两部门之间移动的。后一种假设，失业的存在不太可能，所以失业的假设被舍弃了。如果假设失业存在，要素价格均等化定理（factor-price equalization theorem）成立的可能性微乎其微。

HOS 模型的直观结论之一是通过贸易间接地出口更丰富的生产要素。在 HOS 构造的经济体中有资本和劳动力两生产要素。资本相对丰富的国家出口资本密集型产品，劳动相对丰富的国家出口劳动集约型产品。此模型的初始构造就是必须使两国的两生产要素的禀赋量不同。正是如此才会最终导致两国进行贸易，两国都可以获得自己原本相对不富有的生产要素所生产的产品。

其结果是，相比于贸易前的状况，丰富的资本的稀缺性会随着贸易逐渐消失，劳动力的稀缺增加起来。这样一来，劳动力工资比贸易前上升，资本的租金下降。

贸易的利益最终是由消费者效用函数来评价的，如上所述劳动力的工资与资本租金的转变方式，可以被解释为所得分配层面的效果。因此，贸易会影响对收入的分配，对于实体经济，这也是一个非常重要的问题。例如，通常被认为相对来说资本丰富的美国，进口发展中国家的劳动密集型产品，有助于缓解美国的劳动力稀缺问题，但是会导致劳动工资下降，最终，贸易保护主义者会因此施压于贸易伙伴国或者本国的贸易活动。然而一般贸易模型的设置中，全雇佣会省去很多的模型推导中的麻烦。

然而，HOS 模型、哈里斯-托达罗模型都有各自的极限。HOS 模型在基础设置中假设生产要素可以在工业部门与农业部门之间无摩擦地自由移动，不会产生失业。

在哈里斯-托达罗模型构造的经济体系中，存在"失业"，是因为实际工资被外生的高标准设定了。如果认定失业是不好的现象的话，只需降低最低工资标准。哈里斯-托达罗模型不是只用于解释失业的理论，还解释了农村部门劳动力的工资会导致城市部门劳动力工资水准的下降。

即使对于大东（曾经当面请教过），在哈里斯-托达罗模型的基础构造下考虑环境和贸易的动机，也是因为上述原因。哈里斯-托达罗借最低工资标准的假设讨论了失业问题，为了降低失业率，决定是否采取相应的政策。回答这个问题，只有废除最低工资标准的假设。这也是使用哈里斯-托达罗模型构造二元经济失业的局限性所在。

此外，HOS 理论可以导出两个定理。其一是，伴随劳动量的增加，劳动集约型产品的生产增加，资本集约型产品的生产减少，相反，如果资本量突然增加，资本集约型产品的产量会增加，劳动集约型产品的产量就会减少的罗伯津斯基定理（Rybczynski theorem）。其二是，劳动密集型商品的价格提高，工资率增加而资本租金率降低，相反，资本密集型产品的价格上涨，资本租金率增加，而劳动力的工资率降低的斯托尔珀-萨缪尔森定理（Stolper-Samuelson theorem）。

罗伯津斯基定理洞察了生产要素禀赋和生产模式之间的关系，斯托尔珀-萨缪尔森定理洞察了要素价格和收入分配之间的关系。

一个经济如果以 HOS 的贸易均衡（即要素价格均等化定理）为出发点，由于某种原因，劳动力无法充分就业，此经济如果是规模报酬一定，并假定无资本剩余，生产产品的资本/劳动比率上升，新的贸易均衡点会产生。如果两个生产要素有所剩余，产出会减少，通过消费产品所获得的效用会降低。事实上，HOS 的理论分析中提到了，如果有一种生产要素面临着剩余，这种要素集约的产品会被特化生产，这也就是 HOS 模型自身想办法会让所有的生产要素无剩余。

1.4.3　失业与贸易的五种方法

近十年来发达国家和发展中国家之间的贸易研究数量，尤其是在中国迅猛发展。针对发展中国家进行贸易后的失业问题没有特别的理论支持。少数的研究者将宏观经济学中的失业理论和贸易理论相结合。本节主要介绍五种对失业和贸易的理论研究：最低工资方法（minimum wage approach）、隐性合同法（implicit contract approach）、效率工资模型（efficiency wage approach）、求职方法（job search approach）、搜索和匹配方法（search and matching）。

1. 最低工资方法

最低工资方法还分为"城市部门最低工资标准方法"与"两部门最低工资标准方法"。

1）城市部门最低工资标准方法

汗（Khan，1980）主要总结了哈里斯-托达罗型经济中的失业理论，并基于此加入了失业成分，有效地将失业融合到这个传统的理论，且做了各种测试与分析。这里，仅介绍与本书最相关的一部分（详细内容请参考第 3 章～第 6 章）。汗（Khan，1980）认为在哈里斯-托达罗型经济的国际贸易中，斯托尔珀-萨缪尔森定理将不会成立。如果还想保持和原罗伯津斯基定理（即商品产出随要素禀赋变化而变化）不变，要素集约的条件必须受制于失业调整条款（unemployment-adjusted terms）。基于要素价格均等化定理，如果两个国家具备相等的城市工资水平，生产要素价格与失业率通过自由贸易变得相等。

2）两部门最低工资标准方法

Brecher（1974）给赫克歇尔-俄林模型下的两个部门设置了同一水准的最低工资，结果显示，依据该国是否出口劳动密集型产品，失业率会减少或增加。如果该国出口劳动密集型产品，国内就业就会得到改善，居民福利也得到改善。如果出口资本密集型产品，国内就业形势就会变得糟糕，福利也恶化。Brecher 理论给两国设置相同水准的最低工资标准后，斯托尔珀-萨缪尔森定理、罗伯津斯基定理、要素价格均等化定理全部成立。

2. 隐性契约法

马特慈（Matusz，1985）在赫克歇尔-俄林-萨缪尔森模型下通过使用隐性契约方式（implicit contract approach），展示了如何在不确定性（景气、不景气）的公司和没有不确定性的公司之间均衡分配劳动力与资本。可惜，在这篇论文中，失业也仅仅是一时的问题，为了让没有不确定性的公司没有失业，劳动力就需要从具有不确定性并且具有失业的公司转移过来。均衡条件是，失业等于零。在马特慈（Matusz，1985）模型中，斯托尔珀-萨缪尔森定理不再成立：资本密集型产品的价格如果上涨，劳动力获得利益。罗伯津斯基定理仍然成立。

马特慈（Matusz，1986）通过使用李嘉图的贸易理论和使用隐性契约的方法分析了风险规避劳动力和风险中立型的公司相关事宜。该协议中，劳动者工资可以受到工资反复波动的保护。显然，失业率伴随着雇佣保险的充分增长而降低。此外，伴随着贸易，期待效用增加，失业增加或者实际工资的减少可导致福利减少。

3. 效率工资模型

科普兰德（Copeland，1989）、马特慈（Matusz，1996）、罗默（Romer，2001）、戴维森和伍德伯里（Davidson and Woodbury，2002）将效率工资扩展到了贸易理论的模型中。他们依据汗（Khan，1980）的模型，像斯蒂格利茨（Stiglitz，1974）一样，导出了斯托尔珀-萨缪尔森定理和罗伯津斯基定理。

4. 求职方法

戴维森等（Davidson et al.，1999），非常慎重地将求职模型化，对失业的某种状况与一般均衡进行了各种各样的比较。在这个模型中，借助斯托尔珀-萨缪尔森定理能够成立这一事实，此模型分析了一般模型不能处理的问题，即"贸易中失业劳动力的福利与失业的关系"。

5. 搜索和匹配方法

安吉尔和伦德伯格（Agell and Lundborg，1995）、克雷克米艾尔和尼尔森（Kreickemeier and Nelson，2006）分析了搜索和匹配方法（search and matching）。戴维森等（Davidson et al.，1999）把琼斯（Jones，1965）的劳动力市场的摩擦模型进行了扩展。他们在贸易理论的框架下加入了戴蒙德-莫滕森-皮萨里德斯式的搜索（Diamond-Mortensen-Pissarides-type search，DMP 型搜索）与匹配摩擦（matching frictions）的劳动力市场。在三位诺贝尔奖获得者的模型中，劳动力市场摩擦必须存在于所有的国家、所有的部门。此模型能够产生李嘉图式的比较优势。赫尔普曼和伊茨霍基（Helpman and Itskhoki，2008）是当时唯一利用报酬递增的生产函数分析了"摩擦"劳动力市场背景下的贸易与失业问题的经济学家。

1.5 贸易与环境

研究贸易和环境的文献不计其数。它们主要分为两种方法：一般方法（静态，动态）和微分博弈方法。

1. 一般方法

1）污染性投入/污染性产出

第 3 章利用科普兰德和泰勒模型（Copeland and Taylor，2003）研究发展中国家失业、环境政策、污染排放和贸易之间的关系。科普兰德和泰勒（Copeland and Taylor，2003）依据麦圭尔（McGuire，1982）而简化。两种模型都在两生产要素-两产品的模型中研究了污染性产出/投入的关系。在他们的模型中，对环境产生不利影响的工业部门和农业部门的产出，通过环境政策而改变。并且，模型研究了贸易发生后，这两个国家每个生产部门如何互相影响与所得分配事宜。虽然麦圭尔（McGuire，1982）并没有讨论国民收入和福利问题，两模型所得的结果却比较相似。

另外，把污染作为生产投入的还有帕斯格（Pethig，1976）、麦圭尔（McGuire，1982）、科普兰德（Copeland，1994）、科普兰德和泰勒（Copeland and Taylor，1994）、劳舍尔（1997）、西伯特等（Siebert et al.，1980）。将污染设定为联合产出（joint-output）的有劳舍尔（Rauscher，1997）、科普兰德和泰勒（Copeland and Taylor，1994，2003）。

2）比较优势

早期研究这一领域的是帕斯格（Pethig，1976）。帕斯格使用一生产要素-两产品模型，描述了环境和贸易之间的关系。

迪阿尔戈和克内塞（D'Arge and Kneese，1972）、鲍莫尔（Baumol，1971）、马约基（Majocchi，1972）、西伯特（1974）、瓦尔特（1974）等文献相似地证明了污染（或资本）密集型的国家，与其他国家相比，工业部门生产的工业产品具有比较优势。然而，遗憾的是在他们的研究中，没有在该模型的一般均衡中考虑环境产品的稀缺性。把这一遗憾进行革新的是帕斯格（Pethig，1976）。

3）污染密度

马库森（Markusen，1976）采用了两生产要素-两产品的模型，分析了贸易与环境的关系，在马库森的模型中，污染量和产品产量被等比例地排放出来，并没像科普兰德和泰勒（Copeland and Toylor，1994，2003）一样设定了"污染密度"这一变量。

4）污染物

科普兰德（Copeland，1994）构造了多生产要素-多产品-多污染物的一般均衡模型。

5）污染损害

劳舍尔（Rauscher，1997；第 5 章）利用一生产要素-两产品模型，分析了由工业产品的生产而引发的污染对消费者产生的不利影响。劳舍尔的研究结果主张，污染其实最终是因为消费的需求而产生的。

2. 微分博弈方法

近几年关于贸易与环境的研究在国内成为热点，也主要是国家大力实施环保政策的原因。然而，国外关于环境保护的研究可以追溯到 100 年前的 Hoteling 等研究者的微分博弈论的动态研究。

直到现在为止，将微分博弈论运用到资源（自然资源、枯竭资源）、环境中的研究可分为：处理资源的"资源博弈论"、处理污染的"污染博弈论"。例如，可以被视为共有物的共有地悲剧。如果考虑人类居住的自然环境是共有物的话，国际环境协定势在必行。

费尔南德斯（Fernandez，2002）分析了美国和墨西哥之间的贸易自由化如何影响流经两国边境国际河流的污染。该研究的主要特征是，依据具体数据校准模型并得到了数值解。协力解和非协力解（马尔科夫完全纳什均衡）双方都能证明，贸易自由化减少了墨西哥的污染。模型是连续时间无限规划期的线性二次模型。

卡波和马丁-赫兰（Cabo and Martin-Herran，2006）也涉及了贸易与环境的问题。生物多样性作为"南"的生产要素之一，"北"进口其产品。从"北"到"南"的所得转移被设定为影响生物多样性的变量，并研究了各种情况下的开环纳什均衡（open loop Nash equilibrium）。该模型是一个连续时间有限时期参数模型（线性二次模型之外的模型的指定称呼）。

巴塔布和贝拉迪（Batabyal and Beladi，2006）讨论了自然资源是买方垄断的状态下，自然资源的保全和进口关税之间的关系。该模型采用一般函数的连续时间有限时期模型，它的均衡符合开环斯塔克尔伯格均衡（open loop Stackelberg equilibrium）。针对污染性不可再生资源（polluting non-renewable resources），采取征收二氧化碳税的相关研究的有霍尔（Hoel，1992，1993）、辛克莱（Sinclair，1992，1994）、厄尔夫和厄尔夫（Ulph A M and Ulph D T，1994）、威尔（Wirl，1994，1995）、威尔和道科内尔（Wirl and Dockner，1995）、塔赫沃宁（Tahvonen，1995，1996）、法辛（Farzin，1996）、法辛和塔赫沃宁（Farzin and Tahvonen，1996）与霍尔和柯翁道客（Hoel and Kverndokk，1996）。其中，威尔（Wirl，1994，1995）、威尔和道科内尔（Wirl and Dockner，1995）及塔赫沃宁（Tahvonen，1995，1996）的研究不仅采用了决定可诱发环境外部性的不可再生资源的最优价格的方法，还在可枯竭资源的贸易化会破坏资源进口国的环境的背景下，研究了资源输入国施加进口税，影响资源出口国（垄断方）的各种可能性。圣地亚哥和路易莎（Santiago and Luisa，2001）在各种假设中处理了相同两国模式问题。

1.6　内 容 简 介

第 2 章阐述了现有的四种方法，解释了排污税的变化对城市失业量和失业率影响的共同点和区别。其结果是，四种方法得到的效果相同。

第 3 章解释了城市工业部门、农村农业部门的劳动力边际生产曲线的弹性如何影响城市部门的失业率和失业量。此外，还研究了生产要素与污染性投入的替代/互补关系如何影响城镇失业量和失业率。

第 4 章证明了汗型标准哈里斯-托达罗（Khan type standard Harris-Todaro）经济中的罗伯津斯基定理（Rybczynski theorem）、斯托尔珀-萨缪尔森定理（Stolper-Samuelson theorem）。

第 5 章把哈里斯-托达罗型失业加入科普兰德-泰勒（Copeland and Taylor，2003）模型中，揭示了二元经济（尤其是发展中国家）中"污染需求和污染供给"的关系。此外，阐明了环境政策和污染排放量的变化是如何影响失业的。

第 6 章研究了相对贫穷的国家（发展中国家）和相对富裕的国家（发达国家）之间的贸易如何影响环境、失业与福利。

第 7 章利用中国的数据研究了政府环境规制对产业结构和技术的间接影响。

第 8 章从地方政府执行度的角度研究了不同地区的政府执行度对环境保护的作用。

第 2 章　哈里斯-托达罗模型的四种扩展方法

本章的目的是依据哈里斯-托达罗模型的四种扩展方法，阐述污染排放税的变化与城镇失业量和失业率变化的相同点和不同点。

2.1 节从外部污染排放税和生产要素价格的视角，以"污染性生产投入品"、"引发污染的中间产品"、"污染性产出"及"减少污染的要素投入"四种方法分析污染削减政策变严格后如何影响城镇的失业。最终，四种方法推导出相似的结果。2.2 节从外生污染排放税和要素禀赋的角度阐述了依据上述四种方法，污染排放税的变化如何影响城镇失业量和失业率。其结果是，四种方法导致相同的效果。

2.1　外部污染排放税和生产要素价格

图 2.1 展示了去除最低工资这一制约条件的两部门的经济。两条平行排列的曲线表示工业部门的单位成本函数（unit cost function）。

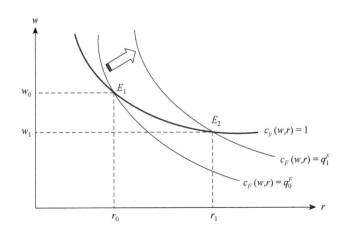

图 2.1　产品价格和要素价格

工业产品价格的上涨，或者污染排放税的减少都会导致曲线 c_F 向右上方移动。

曲线 c_y 显示了农业部门单位成本函数。当曲线 c_F 从 q_0^F 移动到 q_1^F 时，这种经济的均衡从 E_1 变为 E_2。劳动佣金将从 w_0 跌落到 w_1，相反，资本的租金从 r_0 上升为 r_1。这就是斯托尔珀-萨缪尔森（Stolper-Samuelson）定理，即如果商品的价格上涨，相对来说，为了生产此产品而集中使用的生产要素的价格会上升，其他生产要素价格降低。

现在，参照图 2.2 解释哈里斯-托达罗型经济中的均衡点与国民收入。图 2.2 中曲线 c_x 是资本集约型的城市工业部门的单位成本函数，曲线 c_y 代表劳动集约型的农村农业部门的单位成本函数。斜率为 K_x/L_x 的切线和斜率为 K_y/L_y 的切线分别是工业部门和农业部门所使用的资本与劳动的比例。R 线是国家的作为一个整体的资本与劳动的比率。点 N 表示经济在完全竞争的两个部门的一般均衡，显示了资本、劳动的分配和最优租金价格与雇佣价格。

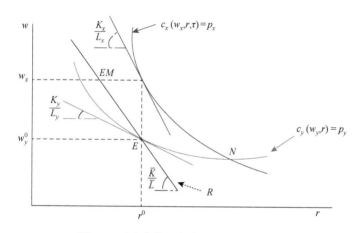

图 2.2 要素价格和资本-劳动比率的确定

K/L 表示该经济体的要素禀赋（外生）比例。K_x/L_x、K_y/L_y 分别代表了城市工业部门、农村农业部门的要素使用比例。

因此，满足

$$\frac{K_x}{L_x} > \frac{K}{L} > \frac{K_y}{L_y} \tag{2.1}$$

但是，发展中国家在城市部门出台最低工资制度的经济平衡点不再是 N。由此，哈里斯-托达罗型经济的平衡移动到了点 N 的左侧。w_x 是城市部门的固定最低工资，从表示工资的纵轴上的点 w_x 到 c_x 曲线画直线在相交处画切线，交叉点地方画 c_x 曲线的切线。这个斜率为 K_x/L_x 的切线表示城市部门的工资固定在 w_x 时的劳动力就业率。

并且，从上述交点到横轴画垂直的点线，可以确定资本的租金价格 r^0，此点线和 c_y 曲线之间的交点是这个经济的平衡点 E。w_y^0 是农村部门的劳动力工资。

图 2.2 的均衡和图 2.1 的平衡相比，明显有差异。R 代表国民收入线（national income line）。在这个经济体系中，国民收入由截距 EME 表示。截距越长，这个国家收入越高，如果降低，国民收入也降低。

参照图 2.3，依据四种方法，阐明当环境政策变得严重的时候，如何影响要素价格、国家的收入。

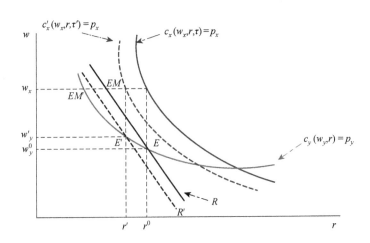

图 2.3　污染排放税的增加与要素价格的反应

Wang（1990）证明了城市工业部门污染性投入减少，会降低劳动的边际生产率。因为工业部门的最低工资标准不改变，工业部门的劳动力必须减少。

随着劳动力和污染性投入的减少，城市工业部门的资本边际生产率降低。初始均衡所决定的资本租赁价格必须下降。农业部门的最初劳动力工资、资本租赁价格如果不发生任何变化，工业部门会比农业部门释放出较多的人均资本，农业部门与初始状态相比，应该租赁更多的资本。

其结果是，为了保证资本完全被租赁，有必要降低租赁价格。流入农业部门的资本提高了农业部门生产率，增加了农业部门的劳动工资。随着农业部门的劳动工资上涨，农业部门的劳动力雇佣量减少。并且，该国的收入从 $\overline{EME}$ 降低到 $\overline{EM'E'}$。

本书在哈里斯-托达罗类型经济框架下，针对污染性投入，导致污染的中间产品投入、污染性产出、减少污染的要素投入这四种方法，研究了污染排放税上涨、城市部门产品价格下降的结果，导致和图 2.3 相同的结果。

换句话说，在城市工业部门，不管是污染性投入、甚至污染性中间产品，还是污染性最终产品，环境税对要素价格的影响效果是一致的，即在哈里斯-托达罗型经济中，上述四种方法致使环境问题引发的结果最终是相同的。

定理 2.1　在城市工业部门，无论是污染性投入，或者污染性中间产品投入，还是污染性最终产品，环境税对要素价格的影响效果是一致的。

相反，工业部门产品价格上升或者污染排放税减少，单位成本函数曲线向右上方移动。图 2.4 展示了这种情景。一个新的单位成本函数 $c_x''(w_x, r, \tau'') = p_x$（小型开放经济产品的价格是外生的，在封闭经济情况下是内生的）。由于工业部门的工资已被固定，国民收入线 R 也移动到了右上角。

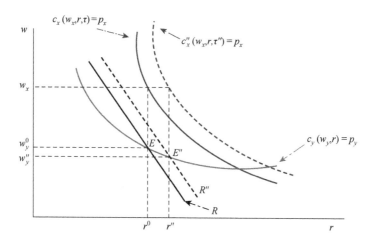

图 2.4　污染排放税的减少与要素价格的反应

均衡从点 E 移动到点 E''，国民收入的增减也可以容易地被表示出来。资本的租赁价格已经从 r^0 增加到 r''，农业部门的劳动工资从 w^0 降低到 w''。

尽管上面的分析可以显示污染排放税的增加所导致的生产要素价格的反应，却不能解释劳动力、资本的部门间移动及城市部门的失业。所以采用其他方法进行分析。

下面的分析使用埃奇沃思-鲍利盒子（Edgeworth-Bowley box），观察环保政策的变化如何影响哈里斯-托达罗型经济。

2.2 外生污染排放政策与要素禀赋量

首先研究哈里斯-托达罗模型部门之间资本流动的是戈登和芬德利（Corden and Findlay，1975）。本节通过使用戈登-芬德利的埃奇沃斯-鲍利盒子描述哈里斯-托达罗型经济中的劳动和资本的分配。进而，分析环境污染政策的影响。

图 2.5 是简化的埃奇沃斯-鲍利盒子，L_x 是城市工业部门就业劳动力数量、L_y 是农村农业部门就业劳动力数量、L_u 是城市工业部门的失业量。城市工业部门是资本密集型的，农村的农业部门是劳动密集型的。

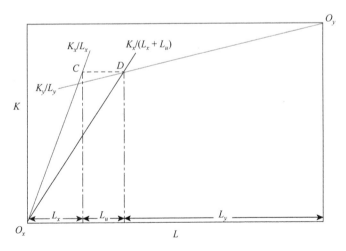

图 2.5 劳动和资本在部门间的移动

从 O_x 点开始是城市工业部门使用的资本、劳动，从 O_y 点开始是农村农业部门使用的资本、劳动。K_x/L_x 是最低工资制度下城市工业部门使用的资本/劳动率，$K_x/(L_x+L_u)$ 是城市部门的整体的资本/劳动率，K_y/L_y 是农村农业部门的资本/劳动率。盒子的两边分别是资本和劳动力的禀赋量。

虚线 CD 的长度代表了城市的失业量 L_u。$K_x/L_x>K_x/(L_x+L_u)>K_y/L_y$ 是确保哈里斯-托达罗模型经济的充分必要条件。最低工资越高就会越偏向于斜率为 K_x/L_x 的线的左侧。K_x/L_x 变得更高，K_y/L_y 会越来越低。

如果环境政策变得严格，依据罗伯津斯基定理，城市工业部门生产率进一步降低，资本和劳动力从工业部门流出，由农业部门吸收。农村农业部门逐步扩大。

图 2.6 为最低工资制度影响产出的效果。从 O_x 点开始是城市工业部门使用的资本、劳动，从 O_y 点开始是农村农业部门使用的资本、劳动。O_xO_y 曲线是合同曲线，即城市工业部门和农村农业部门的等量生产曲线切点的轨迹。没有最低工资制度的时候，O_xE 和 O_yE 分别代表城市工业部门和农村农业部门的一般均衡时的最优资本/劳动率。

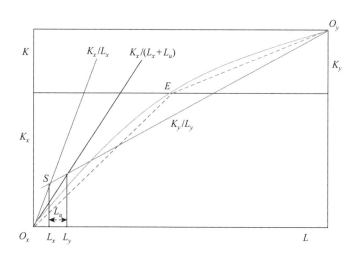

图 2.6　影响产出的最低工资

E 是完全竞争时的均衡。O_xS 线受最低工资制度的影响。O_xS 线代表了最低工资制度下城市工业部门的资本/劳动率。相应的，O_yS 线代表这种情况下农业部门的资本/劳动率。点 S 是这个经济的均衡点。

依据赫克歇尔-俄林-萨缪尔森理论（HOS 理论），资本移动只是在城市部门生产率下降并实施国际贸易时，会增加这个国家专注农业生产的可能性。同时，城市工业部门全部消失也是有可能发生的。

图 2.7 是更容易看懂戈登和芬德利（Corden and Findlay，1975）理论中的汗（Khan，1980）理论的图形。这里，$\omega_i = w_i / r_i$、$\kappa_i = K_i / L_i$（$i = x, y$）。点 A、B 分别是没有最低工资制度下的最适资源分配，点 C、D 代表城市工业部门在设置最低工资制度下经济体的最优资源分配。

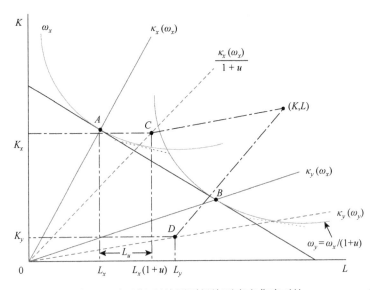

图 2.7　哈里斯-托达罗型经济要素密集度对比

定理 2.2　在城市工业部门，无论是污染性投入、污染性中间投入，还是污染性最终产品，环境税对失业量和失业率的影响是一致的。

2.3　本　章　小　结

本章从外部污染排放税和要素价格的视点，分析了污染性生产投入、引发污染的中间产品、污染性产出、减少污染的要素投入这四种方法，在政策变得严格的时候，对要素价格变化的影响是一致的。

但从外生性污染排放税和要素禀赋量的角度来看，污染排放税的变化对城镇失业量和失业率的影响，上述四种方法的结果也是一致的。

第3章　哈里斯-托达罗经济的城镇失业量和失业率

本章的目的是解释城市工业部门、农村农业部门的边际生产率曲线的弹性如何影响失业量与失业率，以及生产要素和污染性投入的替代互补关系如何影响城镇失业量和失业率。

3.1 节分析城市工业部门、农村农业部门的边际生产率曲线的弹性是如何影响失业量与失业率的。3.2 节解释哈里斯-托达罗曲线距离的作用与意义。3.3 节分析征收环境税课税之前的哈里斯-托达罗型经济的模型构造。3.4 节分析征收环境税后的哈里斯-托达罗型经济的模型构造。3.5 节比较征收环境税前后变量的变化。3.6 节为哈里斯-托达罗曲线的导出过程。3.7 节为哈里斯-托达罗曲线距离的导出过程。3.8 节讲述失业量不变的条件。3.9 节明确污染性投入和劳动力的替代互补关系的影响。

在本章的分析中，介绍以下内容：①与城市工业部门劳动的边际生产率弹性值无关，环境税的增加（减少）会引起城市工业部门的就业人数减少（增加），工业品产量将减少（增加）；农业部门就业量增加（减少），农产品产量将增加（减少）。②相比一般均衡，城市工业部门劳动力的边际生产率曲线的弹性 ε_x 的作用更大，在执行最低工资制度时，ε_x 只确定城市工业部门的就业量。确定失业量和失业率的是两个直角双曲线的位置与农村农业部门的劳动力边际生产力曲线的弹性。③哈里斯-托达罗曲线在城市工业部门是可变成本。在最低工资制度下，哈里斯-托达罗曲线基于一定的成本，可以暗示生产多少工业品，雇佣多少劳动力，使用多少污染性投入。④污染性投入和劳动力呈互补（替代）关系，如果污染税增加，哈里斯-托达罗距离曲线的距离增加（减少），城市工业部门的雇佣量会减少（增加），农村农业就业部的雇佣量将增加（减少）。

3.1　城市部门失业量和失业率

3.1.1　工业部门劳动界限生产性曲线

哈里斯-托达罗模型中资本在城市工业部门、农村农业部门分别被特殊化，被假设不能在部门之间移动。首先，有必要展示一下哈里斯-托达罗模型简化版的戈登和芬德利（Corden and Findlay，1975）。

1. $\varepsilon_x = 1$ 的时候

图 3.1 显示了工业部门劳动力的边际生产率曲线的弹性 $\varepsilon_x = 1$ 的情形。qq' 曲线被称为哈里斯-托达罗曲线（又称直角双曲线，rectangular hyperbola curve）。这里，该曲线和工业部门边际生产率曲线重叠。在 $\varepsilon_x = 1$ 的时候，最低工资标准决定城市工业部门的劳动就业量，依据一般均衡，工业部门的雇佣量减少，产量也随之降低。劳动和农业部门的劳动雇佣量、产出，与一般均衡时的值相比没有变化。

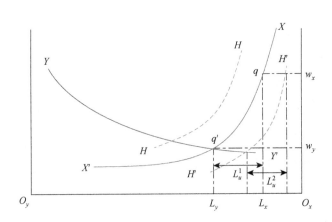

图 3.1　工业部门劳动边际生产率曲线的弹性 $\varepsilon_x = 1$

定理 3.1　$\varepsilon_x = 1$ 时，最低工资标准决定城市工业部门的劳动就业量，依据一般均衡，工业部门的雇佣量减少，产量也随之降低。劳动和农业部门的劳动雇佣量、产出，与一般均衡时的值相比没有变化。

2. $\varepsilon_x > 1$ 的时候

当 $\varepsilon_x > 1$ 时，如图 3.2 所示，最低工资制度一旦进行，相比 $\varepsilon_x = 1$ 时，有大量的劳动力从城市工业部门释放出来，形成了城市部门的失业，如果环境政策变严格的话，失业的一部分人被吸收到农村农业部门，可能减轻市区的失业。并且，城市部门的产出减少，农村部门的产出增加。

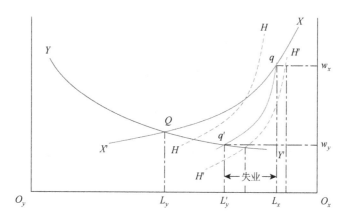

图 3.2　工业部门劳动边际生产率曲线的弹性 $\varepsilon_x > 1$

定理 3.2　当 $\varepsilon_x < 1$ 时，实施最低工资制度，比 $\varepsilon_x = 1$ 时，更多的劳动力从城市工业部门释放出来，形成城市部门的失业，如果环境政策变严格的话，失业的一部分人被吸收到农村农业部门，可能减轻市区的失业。并且，城市部门的产出减少，农村部门的产出将增加。

3. $\varepsilon_x < 1$ 的时候

图 3.3 显示工业部门劳动的边际生产率曲线的弹性 $\varepsilon_x < 1$ 的情形。$\varepsilon_x < 1$ 时，实施最低工资制度，城市工业部门雇佣的一部分工人被释放，造成城市的失业。相对于一般均衡的时候，农村农业部门的劳动雇佣减少。农村农业部门的失业人口移动到城市，进一步加剧了城镇失业。城市工业部门和农村农业部门的产量同时减少。

定理 3.3　$\varepsilon_x < 1$ 时，实施最低工资制度，城市工业部门雇佣的一部分工人被释放，造成城市的失业。相对于一般均衡的时候，农村农业部门的劳动雇佣减少。农村农业部门的失业人口移动到城市，进一步加剧了城镇失业。城市工业部门和农村农业部门的产量同时减少。

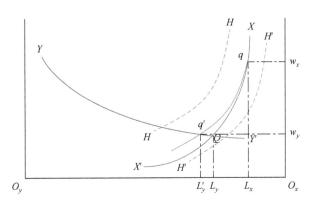

图 3.3　工业部门劳动边际生产率曲线的弹性 $\varepsilon_x < 1$

图 3.1～图 3.3 显示了工业部门劳动的边际生产率曲线的弹性 $\varepsilon_x = 1$、$\varepsilon_x > 1$、$\varepsilon_x < 1$ 三种情况下，城市工业部门实施最低工资制度将如何影响两部门的雇佣量、城市部门失业量及两部门的产品产量。

3.1.2　环境税征税效果

本小节利用图 3.1～图 3.3 针对城市工业部门的污染性投入、污染性产出、污染性中间产品，研究政府实施环境税如何影响两个部门的生产、劳动转移及失业。

如果环保政策变得严格，哈里斯-托达罗曲线 qq' 向右下方移动，成为 HH' 曲线。工业部门劳动力的边际生产率曲线的弹性 $\varepsilon_x = 1$ 的时候，征收环境税后被剔除出来的城市工业部门的一部门劳动力被农村农业部门吸纳，城市部门产量进一步减小，而农村的农业部门产出增加。

如果环境政策变得缓和，哈里斯-托达罗曲线 qq' 向左上方移动，成为 HH 曲线。$\varepsilon_x = 1$、$\varepsilon_x > 1$、$\varepsilon_x < 1$这三种情况下，城市工业部门的生产改善，吸纳劳动力，产量也显著增加了。相反，农村农业部门就业劳动力移动到市区，农村农业部门的生产率下降，产量降低。结果，市区失业率很可能会增加。

定理 3.4　与城市工业部门劳动边际生产率弹性值无关，环境税增加（减少），城市工业部门的就业人数减少（增加），工业品产量将减少（增加）；农业部门的就业量将增加（减少），农产品产量将增加（减少）。

利用固定的农业部门劳动力边际生产率曲线的弹性，对可变的城市工业部门劳动力的边际生产率曲线的弹性，如何影响哈里斯-托达罗型经济下两部门的生产率、雇佣量的变化、失业情况进行了分析。但是，城镇失业量和失业率的变化在上述弹性 ε_x 的变化过程中是不确定的。相比于一般均衡，城市工业部门劳动力的边际生产率曲线的弹性 ε_x 的作用更大，运行最低工资制度后，ε_x 只能确定城市地区就业量。

定理 3.5　相比于一般均衡，城市工业部门劳动力的边际生产率曲线的弹性 ε_x 的作用更大，运行最低工资制度后，ε_x 只能确定城市地区就业量。

为了阐明城镇失业量和失业率的变化，3.1.3 节使用固定的城市工业部门劳动力的边际生产率曲线的弹性和可变的农村农业部门界限生产率曲线的弹性以阐明在哈里斯-托达罗型经济中城市地区的失业量和失业率的变化。

3.1.3　失业量和失业率

哈里斯-托达罗曲线的位置与工业部门劳动力边际生产率曲线有关。换句话说，工业部门的边际生产率曲线的位置随环境政策的变化而移动，相应的，哈里斯-托达罗曲线也朝着相同方向移动。

不管是补助金还是环境政策，双方都移动到哈里斯-托达罗曲线的右下方。并且，哈里斯-托达罗曲线的距离和最低工资影响 ΔL_x，以及失业量和失业率（图 3.4）。哈里斯-托达罗曲线的距离如果上升，ΔL_x 也上升。另外，如果缩短距离，ΔL_x 也缩小。此外，农村农业部门劳动力的边际生产力率曲线和两条哈里斯-托达罗曲线相交的地方可确定 L_y、L_y'、ΔL_x、L_u 和 L_u'。

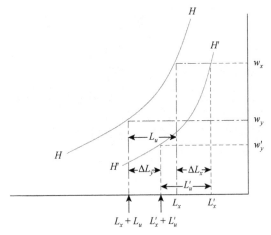

图 3.4 失业量和失业率

此外，还发现城市部门的失业量和失业率取决于农业部门的边际生产率曲线的弹性。

城市工业部门的最低工资标准通过哈里斯-托达罗曲线，确定城市工业部门的就业量，哈里斯-托达罗曲线和农业部门的边际生产率曲线相交处可以确定农业部门的就业量。同时，城市工业部门的失业量和失业率也被确定。

结果，决定失业量和失业率的是两个直角双曲线的位置和农村农业部门劳动边际生产率曲线的弹性。因此，目前为止的研究，关于失业量和失业率的解释比较模糊。本节利用直角双曲线来解释失业量和失业率的变化。

定理 3.6 决定失业量和失业率的是两个直角双曲线的位置和农村农业部门劳动边际生产率曲线的弹性。

下面将详细阐述征收环境税前后，城市工业部门失业量和失业率的变化。

1）失业量

$\Delta L_u = |\Delta L_x| - \Delta L_y > 0$ 时，失业量增加；$\Delta L_u < 0$ 时，失业量减少；$\Delta L_u > 0$ 失业量不变。

2）失业率

征收环境税前的城市部门的失业率为 $\eta = L_u / (L_x + L_u)$，征收环境税后城市地区失业率为 $\eta' = L_u' / (L_x' + L_u')$。失业率根据农村农业部门劳动力的边际生产率曲线弹性的变化而改变。

3.1.4　农村农业部门的劳动边际生产率曲线

3.8 节计算出征收环境税前与征收环境税后城市部门失业量的不变条件。为了方便起见，利用下式

$$\varepsilon^* = \frac{L_x}{L_y} - 1$$

上式代表征收环境税前与征收环境税后城市部门失业量的边界值。换句话说，当 $\varepsilon_y > \varepsilon^*$ 时，即使征收环境税，城市部门失业量不发生变化。

1. $\varepsilon_y > \varepsilon^*$ 的时候

图 3.5 表示农村农业部门劳动边际生产率曲线的弹性 $\varepsilon_y > \varepsilon^*$。征收环境税后，降低了城市工业部门的生产率，依据税金的多少会释放相应的劳动力，农村农业部门将吸纳来自城市的失业量，减少城市工业部门失业量。失业率的变化是不确定的。

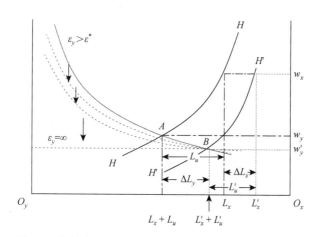

图 3.5　农村农业部门劳动边际生产率曲线的弹性 $\varepsilon_y > \varepsilon^*$

为了阐明这个不确定性，简单地让两条哈里斯-托达罗曲线的位置、城市工业部门最低工资以 AB 曲线和 H' 曲线的交点固定于 B，讨论农村农业部门劳动边际生产率曲线弹性 $\varepsilon_y > \varepsilon^*$ 的变化，是如何影响城镇失业量和失业率的。

在 $\varepsilon_y > \varepsilon^*$ 越来越接近 ∞ 的时候（AB 曲线移动到左下方），征收环境税前的失业量进一步增加，失业率也增加。征收环境税后，失业量虽然减少，失业率却增加。

定理 3.7 $\varepsilon_y > \varepsilon^*$ 越来越接近 ∞ 的时候（AB 曲线移动到左下方），征收环境税前的失业量进一步增加，失业率也增加。征收环境税后，失业量虽然减少，失业率却增加。

进而根据图 3.5 和下面的证明，当 $\varepsilon_y = \infty$ 时，征收环境税前后的失业率相同。当 $\varepsilon_y > \varepsilon^*$ 时，因为失业人数减少，如果征收环境税，征税后失业量减少，反而，失业率不变。

2. $\varepsilon_y = \infty$ 的时候

HH 曲线：$w_x \cdot L_x = w_y(L_x + L_u)$

$H'H'$ 曲线：$w_x \cdot L_x' = w_y'(L_x' + L_u')$

当 $w_y = w_y'$ 时，$\dfrac{L_x}{L_x'} = \dfrac{L_x + L_u}{L_x' + L_u'}$

因此，征收环境税前后的失业率相等：

$$\frac{L_x'}{L_x' + L_u'} = \frac{L_x}{L_x + L_u}$$

因为 $L_x' < L_x$，所以 $L_u' < L_u$。这时，农村农业部门劳动边际生产力曲线是完全弹性的。换句话说，$\varepsilon_y = \infty$。

3. $\varepsilon_y < \varepsilon^*$ 的时候

图 3.6 展示的是农村农业部门劳动力的边际生产率曲线的弹性 $\varepsilon_y < \varepsilon^*$。在征收环境税后，城市工业部门的生产率降低，依据环境税的轻重，城市部门不得已释放出一部分劳动力。农村农业部门会吸收一部分失业量。相比于在纳税时的大量失业量，城市工业部门失业量虽然减少，征税前后的失业率的变化是不确定的。失业率也是不确定的。

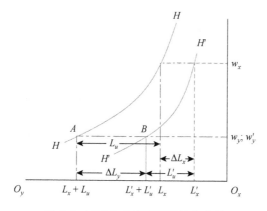

图 3.6 固定失业率和下降的失业量

为了阐明这个不确定性，图 3.7 中将两条哈里斯-托达罗曲线的位置、城市工业部门的最低工资与 AB 曲线和 H' 曲线的交点固定于点 B，讨论农村农业部门劳动边际生产率曲线的弹性 $\varepsilon_y < \varepsilon^*$ 如何影响城镇失业量和失业率。

$\varepsilon_y < \varepsilon^*$ 越接近 0（AB 曲线向右上角移动），征收环境税前的失业量越低，失业率也进一步降低。征收环境税后，失业量增加，失业率也增加了。

定理 3.8 $\varepsilon_y < \varepsilon^*$ 越接近 0（AB 曲线向右上角移动），征收环境税前的失业量越低，失业率也进一步降低。征收环境税后，失业量增加，失业率也增加了。

以下证明失业量和 $\varepsilon_y = 0$ 时的失业率，请参考图 3.7。

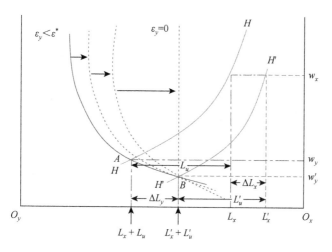

图 3.7 农村农业部门劳动边际生产率曲线的弹性 $\varepsilon_y < \varepsilon^*$

4. $\varepsilon_y = 0$ 的时候

HH 曲线：$w_x \cdot L_x = w_y(L_x + L_u)$

$H'H'$ 曲线：$w_x \cdot L'_x = w'_y(L'_x + L'_u)$

如若 $L_y = L'_y$，即 $L_x + L_u = L'_x + L'_u$。由图 3.4 可知，因为 $L'_u > L_u$，课税后的失业率比课税前上升。换句话说，

$$\eta' \equiv \frac{L'_u}{L'_x + L'_u} > \eta \equiv \frac{L_u}{L_x + L_u}$$

在这种情况下，农村农业部门劳动边际生产率曲线是缺乏弹性的（图 3.8）。也就是，$\varepsilon_y = 0$。

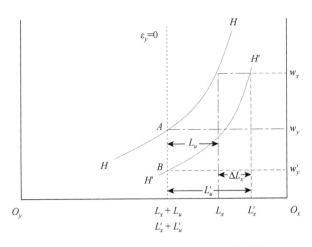

图 3.8　农村农业部门劳动边际生产率曲线的弹性 $\varepsilon_y = 0$

3.1.5　福利

思考哈里斯-托达罗型经济中的污染问题引发的福利事由的时候，用什么函数代表福利是非常重要的。用失业量来测量，还是用失业率测量，可能会得到完全相反的结果。

3.2　哈里斯-托达罗曲线距离

哈里斯-托达罗曲线是直角双曲线。两个相同形状的直角双曲线之间的距离正好是与 45°线相交的两个顶点距离 AB（图 3.9）。最低工资标准、工业品的价格、污染税是外生给定的，HT 曲线距离与 Δ 工业品的产出和 Δ 污染性投入（或者产出、中间产品）有着密切的关系。依据 Δ 污染性投入（或产出、中间产品）的规模能多大程度影响工业产品的产量，HT 曲线距离会相应地发生变化。

而且，污染性投入（或产出、中间产品）和劳动力的替代互补关系的规模，很大程度上影响着城市部门就业数量和失业率（农村农业部门劳动力的边际生产率曲线的弹性在一定的情况下）。污染性投入（或产出、中间产品）和劳动的关系如果一定，农村农业部门劳动的边际生产率曲线的弹性也影响城市部门失业量和失业率。

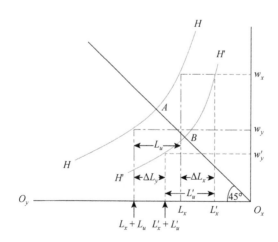

图 3.9　环境政策与直角双曲线

依据 3.7 节（3.40）方程，哈里斯-托达罗的距离可以由下面的公式表示：

$$m = \sqrt{\overline{w}}\left(\sqrt{L_x} - \sqrt{L_x - (p_x \cdot \Delta X + \tau \cdot Z') / \overline{w}}\right)$$

哈里斯-托达罗曲线的距离，从公式上看，最低工资、城市工业部门劳动就业量、工业品价格、降低的工业品产量、污染性投入（或产出、中间产品）与环境税会影响哈里斯-托达罗曲线的距离。

3.3　征收环境税前的哈里斯-托达罗型经济

本节将上述的理论数式化。在第 2 章的 2.1 节中，环境保护方法中标准的小型开放哈里斯-托达罗型经济中的四种环境保护方法，证明可以得到一个相同的结果，这里，为方便起见，通过使用污染性投入的手法，将上述的理论数式化。X 和 Y 分别是城市工业部门和农村农业部门的产出，K_i 和 L_i（$i = x, y$）分别代表城市工业部门和农村农业部门所使用的资本和劳动。Z 是城市的工业部门中使用的污染性投入，与以往的研究一致，为了方便，Z 的市场不存在。$M(\cdot)$ 和 $A(\cdot)$ 是一次齐次函数。此经济是规模报酬不变。

1. 生产部门

城市工业部门：

$$X = M(L_x, K_x, Z) \tag{3.1}$$

农村农业部门：

$$Y = A(L_y, K_y) \tag{3.2}$$

2. 要素部门

L_x 和 L_y 是各个部门的劳动力；L 是该国的劳动力禀赋量；L_u 是城市部门的失业量；K_x 和 K_y 是被固定到各个部门的资本；K 是该国的资本禀赋量。因此，

劳动：

$$L_x + L_y + L_u = L \tag{3.3}$$

资本：

$$K_x + K_y = K \tag{3.4}$$

劳动移动符合下式：

$$w_y = \frac{L_x}{L_x + L_u} \cdot \overline{w} \tag{3.5}$$

式中，$\overline{w}$ 代表城市部门的最低工资；w_y 代表农村部门的劳动工资，

$$w_y = A_{L_y}(L_y, K_y) \tag{3.6}$$

3. 农村部门的工资利润最大化

两个生产部门中使用的生产要素服从完全竞争的状态，依据各部门的利润最大化的条件，劳动满足以下公式：

$$p_x \cdot M_L(L_x, K_x, Z) = \overline{w} \tag{3.7}$$

$$p_y \cdot A_L(L_y, K_y) = w_y \tag{3.8}$$

资本满足下式：

$$p_x \cdot M_K(L_x, K_x, Z) = p_y \cdot A_K(L_y, K_y) = r \tag{3.9}$$

式中，p_x 和 p_y 代表工业品和农产品的价格。为方便起见，将产品 y 视作标准产品。该国进口 x 产品，并出口 y 产品。给定 $\overline{w}$、L、p_x、p_y、K_x、K_y，从式（3.1）、式（3.2）、式（3.3）、式（3.5）、式（3.7）、式（3.8）和式（3.9）中可以计算得到 X、Y、L_x、L_y、L_u、w_y 和 r。

$$E^* = [L_x^*, L_y^*, L_u^*, X^*, Y^*, r^*, w_y^*]$$

表示当前经济的均衡。3.4 节将征收环境税后的哈里斯-托达罗型经济数式化。

3.4　征收环境税后的哈里斯-托达罗型经济

本节考虑要素之间的替代关系如何影响失业量和失业率。现在，求出征收环境税后的每个变量。在征收环境税后的变量的右上角加（′）符号。

1. 生产部门

城市工业部门：

$$X' = M(L'_x, K_x, Z')$$（3.10）

农村农业部门：

$$Y' = A(L'_y, K_y)$$（3.11）

2. 要素部门

L'_x 和 L'_y 是各个部门的劳动力；L 是该国的劳动力禀赋量；L'_u 是城市部门的失业量；K_x 和 K_y 是被固定到各个部门的资本；K 是该国的资本禀赋量。因此，

劳动：

$$L'_x + L'_y + L'_u = L$$（3.12）

资本：

$$K_x + K_y = K$$（3.13）

并且资本被固定到各个部门，是资本禀赋国家。

$\overline{w}$ 是城市部门最低工资；w'_y 是农村部门劳动工资：

$$w'_y = A_{L'_y}(L'_y, K_y)$$（3.14）

劳动移动符合下式：

$$w'_y = \frac{L'_u}{L'_x + L'_u} \cdot \overline{w}$$（3.15）

3. 利润最大化

两个生产部门中使用的生产要素服从完全竞争的状态，依据各部门利润最大化的条件，劳动满足以下公式：

$$p_x \cdot M_{L'}(L'_x, K'_x, Z') = \bar{w} \tag{3.16}$$

$$p_y \cdot A_{L'}(L'_y, K'_y) = w'_y \tag{3.17}$$

资本应满足下面的公式：

$$p_x \cdot M_K(L'_x, K_x, Z') = p_y \cdot A_K(L'_y, K_y) = r' \tag{3.18}$$

污染性投入满足下式：

$$p_x \cdot M_{Z'}(L'_x, K_x, Z') = \tau \tag{3.19}$$

4. 替代和互补关系

$$\hat{Z} = \sigma \cdot \hat{L}_x \tag{3.20}$$

这里定义 $\hat{x} \equiv dx/x$，σ 代表污染性投入和劳动的替代互补关系。$\sigma > 0$ 时，两者是互补的关系；$\sigma < 0$ 时，两者是替代关系。然而，$\sigma \neq 0$。

给定 $\bar{w}$、L、p_x、p_y、K_x、K_y、K、τ 和 σ，从式（3.10）、式（3.11）、式（3.12）、式（3.15）、式（3.16）、式（3.17）、式（3.18）、式（3.19）和式（3.20）中可以计算得到 X'、Y'、Z'、L'_x、L'_y、L'_u、w'_y 和 r'。

$$E^* = [L^*_x, L^*_y, L^*_u, X^*, Y^*, r^*, w^*_y]$$

表示当前经济的均衡。

3.5 征收环境税前后变量的变化

征收环境税前后各个变量的变化如下：

$$\Delta X = X - X' \tag{3.21}$$

$$\Delta Y = Y - Y' \tag{3.22}$$

$$\Delta L_x = L_x - L'_x \tag{3.23}$$

$$\Delta L_y = L_y - L'_y \tag{3.24}$$

$$\Delta L_u = L_u - L_u' \tag{3.25}$$

失业量：

$$\Delta L_u = | \Delta L_x | - \Delta L_y \tag{3.26}$$

征收环境税前城市部门失业率：

$$\eta = \frac{L_u}{L_x + L_u} \tag{3.27}$$

征收环境税后城市部门失业率：

$$\eta' = \frac{L_u'}{L_x' + L_u'} \tag{3.28}$$

3.6　哈里斯-托达罗曲线的导出过程

征收环境税前，城市工业部门利润：

$$\vartheta = p_x \cdot X - \overline{w} \cdot L_x \tag{3.29}$$

征收环境税后，城市工业部门利润：

$$\vartheta' = p_x \cdot X' - \overline{w} \cdot L_x' - \tau \cdot Z' \tag{3.30}$$

如果 $X' = X - \Delta X$、$L_x' = L_x - \Delta L_x$：

$$\begin{aligned} \vartheta' &= p_x(X - \Delta X) - \overline{w} \cdot (L_x - \Delta L_x) - \tau \cdot Z' \\ \vartheta' &= p_x \cdot X - \overline{w} \cdot L_x + (-p_x \cdot \Delta X + \overline{w} \cdot \Delta L_x - \tau \cdot Z') \\ &= \vartheta + (-p_x \cdot \Delta X + \overline{w} \cdot \Delta L_x - \tau \cdot Z') \end{aligned} \tag{3.31}$$

使用零利润理论（zero-profit），式（3.29）和式（3.30）等于零，并且

$$\begin{aligned} -p_x \cdot \Delta X + \overline{w} \cdot \Delta L_x - \tau \cdot Z' &= 0 \\ \overline{w} \cdot \Delta L_x &= p_x \cdot \Delta X + \tau \cdot Z' \end{aligned} \tag{3.32}$$

征收环境税前，HH 曲线函数为

$$S_{HH} = \overline{w} \cdot L_x \qquad (3.33)$$

征收环境税后，$H'H'$ 曲线函数为

$$S_{H'H'} = \overline{w} \cdot L_x' \qquad (3.34)$$

并且，

$$\begin{aligned}
S_{HH} &= S_{H'H'} + \Delta S \\
&= \overline{w} \cdot L_x' + \Delta S \\
&= \overline{w}(L_x - \Delta L_x) + \Delta S \\
&= \overline{w} \cdot L_x - \overline{w} \cdot \Delta L_x + \Delta S \\
&= S_{HH} - \overline{w} \cdot \Delta L_x + \Delta S
\end{aligned}$$

所以，

$$\Delta S = \overline{w} \cdot \Delta L_x \qquad (3.35)$$

从式（3.32）和式（3.35）得到

$$\Delta S = p_x \cdot \Delta X + \tau \cdot Z' \qquad (3.36)$$

从定义看，哈里斯-托达罗曲线在城市工业部门是可变成本。ΔS 显示征收环境税前后，城市工业部门的可变成本之间的差异。它是课税后减少的工业产出 ΔX 的生产成本和用于生产的污染性投入的纳税总和。也就是，最低工资制度下，哈里斯-托达罗曲线是基于一定的成本，生产多少工业品、雇佣多少劳动力、使用多少污染性投入的标志。

定理 3.9　哈里斯-托达罗曲线在城市工业部门是可变成本。基于最低工资制度，哈里斯-托达罗曲线是基于一定的成本，生产多少工业品、雇佣多少劳动力、使用多少污染性投入的标志。

3.7　哈里斯-托达罗曲线距离的导出过程

令哈里斯-托达罗曲线的距离为 m，如图 3.9 所示，得到下面的等式：

$$m^2 = \left(\sqrt{\overline{w} \cdot L_x}\right)^2 + \left(\sqrt{\overline{w} \cdot L_x'}\right)^2 - 2\overline{w}\sqrt{L_x \cdot L_x'}$$

$$= \left(\sqrt{\overline{w} \cdot L_x}\right)^2 + \left(\sqrt{\overline{w} \cdot L_x'}\right)^2 - 2\overline{w}\sqrt{L_x \cdot L_x'} \qquad (3.37)$$

$$= \overline{w} \cdot L_x + \overline{w} \cdot L_x' - 2\overline{w}\sqrt{L_x \cdot L_x'}$$

$$= \overline{w}\left(\sqrt{L_x} - \sqrt{L_x'}\right)^2$$

所以，

$$m = \sqrt{\overline{w}}\left(\sqrt{L_x} - \sqrt{L_x'}\right) \qquad (3.38)$$

从式（3.32）得到

$$\Delta L_x = (p_x \cdot \Delta X + \tau \cdot Z') / \overline{w} \qquad (3.39)$$

并且，

$$L_x' = L_x - \Delta L_x$$

所以，

$$m = \sqrt{\overline{w}}\left(\sqrt{L_x} - \sqrt{L_x - (p_x \cdot \Delta X + \tau \cdot Z')/\overline{w}}\right) \qquad (3.40)$$

$$m = \sqrt{\overline{w}}\left(\sqrt{L_x} - \sqrt{L_x - (p_x \cdot \Delta X + \tau \cdot (Z - \Delta Z))/\overline{w}}\right) \qquad (3.41)$$

而如果给定 $\overline{w}$、p_x、τ，哈里斯-托达罗曲线的距离随着污染性投入 Z 的变化而变化。

3.8　失业量不变的条件

本节说明 3.1.4 节的农村农业部门劳动力边际生产率曲线的弹性 $\varepsilon_y = \varepsilon^*$ 时的情况。正如 3.1.4 节说明的一样，$L_u = L_u'$ 时，也就是当课税前后的失业量没有变化的时候，即对城市工业部门污染性投入征收环境税，会降低城市地区的生产力（如果污染性投入和劳动是互补关系），城市工业部门会驱逐出一部分劳动，与此同时，农村农业部门吸收一些从城市来的失业人员，农村农业部门就业量增加，与城市地区减少的就业量是相等的。再利用式（3.5）和式（3.15）可得征收环境税前劳动转移均衡式：

$$w_y = \frac{L_x}{L_x + L_u} \cdot \overline{w} \qquad (3.5)$$

征收环境税后劳动转移均衡式：

$$w'_y = \frac{L'_x}{L'_x + L'_u} \cdot \overline{w} \qquad (3.15)$$

课税前后失业量不变：

$$L_u = L'_u \qquad (3.42)$$

而且，课税前后，劳动分配公式为以下两个式子。

征收环境税前劳动分配：

$$L_x + L_y + L_u = L \qquad (3.3)$$

征收环境税后劳动分配：

$$L'_x + L'_y + L'_u = L \qquad (3.12)$$

令 $\mu \equiv L_u / L_x$；$\mu' \equiv L'_u / L'_x$，从式（3.3）和式（3.12）可得

$$(1+\mu)L_x + L_y = L \qquad (3.43)$$

$$(1+\mu')L'_x + L'_y = L \qquad (3.44)$$

再将式（3.43）和式（3.44）代入式（3.5）和式（3.15），得到

$$w_y = \frac{\overline{w}}{1+\mu} \qquad (3.45)$$

$$w'_y = \frac{\overline{w}}{1+\mu'} \qquad (3.46)$$

然后，用式（3.45）除式（3.46）得到

$$\frac{w'_y}{w_y} = \frac{1+\mu}{1+\mu'} \qquad (3.47)$$

由于课税前后失业量不变，$\Delta L_x = -\Delta L_y$。把 $w_y' = w_y - \Delta w_y$、$\mu = L_u / L_x$、$\mu' = L_u' / L_x = L_u' / (L_x - \Delta L_y)$ 代入式（3.47）。式（3.47）变为下面的公式：

$$\frac{w_y - \Delta w_y}{w_y} = \frac{L_x - \Delta L_y}{L_x} \tag{3.48}$$

所以，

$$\frac{\Delta w_y}{w_y} = \frac{\Delta L_y}{L_x} \tag{3.49}$$

因为农村农业部门劳动力的边际生产率曲线的弹性为

$$\varepsilon_y = \frac{\Delta L_y}{L_y} \bigg/ \frac{\Delta w_y}{w_y}$$

在式（3.49）两边除以 $\Delta L_y / L_y$，课税前后对于失业量不变的农村农业部门的劳动边际生产率曲线的弹性为

$$e_y = \frac{L_x}{L_y} - 1 \tag{3.50}$$

为了方便，令

$$\varepsilon^* \equiv \frac{L_x}{L_y} - 1 \tag{3.51}$$

ε^* 和 L_x、L_y 相关联，即征税前农村部门劳动的雇佣量和禀赋量相关。

3.3 节中，给定 $\bar{w}$、L、p_x、p_y、K_x、K_y，可以得到 L_x、L_y、L_u、X、Y、r、w_y。即使是征税后也会得到相同的结果。L_y^* 代表征收环境税前农村农业部门劳动就业量的平衡状态。$L_y^* = 0.5L_x$ 时，$\varepsilon^* = 1$；$L_y^* > 0.5L_x$ 时，$\theta < 1$；$L_y^* < 0.5L_x$ 时，$\varepsilon^* > 1$；$L_y^* = L_x$ 时，$\varepsilon^* = 0$。这里，ε^* 是 L 和 μ 的函数，即 $\varepsilon^* = \varepsilon(L, \mu)$。

3.9 替代互补关系

本节探讨 τ 和 σ 的变化如何影响哈里斯-托达罗曲线的距离。分别从 3.4 节

和 3.7 节取出方程（3.20）和方程（3.40），利用比较静态学的方法分析上述的影响效果。

$$m = \sqrt{\overline{w}}\left(\sqrt{L_x} - \sqrt{L_x - (p_x \cdot \Delta X + \tau \cdot Z') / \overline{w}}\right) \qquad (3.40)$$

$$\hat{Z} = \sigma \cdot \hat{L}_x \qquad (3.20)$$

将方程（3.20）代入方程（3.40），m 分别对 τ、σ 求偏微分得到下面两个式子

$$\frac{\partial m}{\partial \tau} = \frac{1}{2} Z' \cdot \left(\sqrt{\overline{w}} L_x - (p_x \cdot \Delta X + \tau \cdot Z') / \sqrt{\overline{w}}\right)^{-\frac{1}{2}} \qquad (3.52)$$

$$\frac{\partial m}{\partial \sigma} = \frac{1}{2} \tau \cdot Z' \left(\sqrt{\overline{w}} L_x - (p_x \cdot \Delta X + \tau \cdot Z') / \sqrt{\overline{w}}\right)^{-\frac{1}{2}} \qquad (3.53)$$

$\sigma > 0$ 时，污染性投入和劳动是互补的关系，无论是 τ 还是 σ 增加，m 扩大，会导致城市工业部门的劳动力大量地"被失业"，同时农村农业部门会吸收一部分来自城市地区的失业。$\sigma < 0$ 时，污染性投入和劳动是替代关系，无论是 τ 还是 σ 增加，m 缩小，城市工业部门会吸纳在城市地区原有的失业，同时，农村农业部门的一部分劳动力也会移动到城市地区，他们中的一些有可能是被城市工业部门所雇佣，也有可能成为城市地区的失业。

定理 3.10　污染性投入和劳动力是互补（替代）关系，如果污染税增加，哈里斯-托达罗曲线的距离增加（减少），城市工业部门的就业人数减少（增加），农村农业部门的就业量将增加（减少）。

3.10　本 章 小 结

本章主要分析了城市工业部门、农村农业部门的劳动力的边际生产率曲线弹性是如何影响城市部门的失业量和失业率的。此外，也详细分析了生产要素和污染性投入的替代互补关系如何影响城市的失业量和失业率。

通过本章的详细分析得到以下结论：①与城市工业部门劳动的边际生产率弹性值无关，如果环境税增加（减少），城市工业部门的就业人数减少（增加），工业品产量将减少（增加）；农业部门就业量增加（减少），农产品产量将增加（减

少）。②相比一般均衡时，城市工业部门劳动力的边际生产率曲线的弹性 ε_x 的作用更大，当实施最低工资制度的时候，ε_x 只确定城市地区的就业量。确定失业量和失业率的是两条直角双曲线的位置和农村农业部门劳动界限生产率曲线的弹性。③哈里斯-托达罗曲线在城市工业部门是可变成本。基于最低工资制度下的哈里斯-托达罗曲线是根据一定的成本，生产多少工业品、雇佣多少劳动就业、使用多少污染性投入的标志。④污染性投入和劳动是互补（替代）的关系，如果污染税增加，哈里斯-托达罗曲线距离增加（减少），城市工业部门的就业人数减少（增加），农村农业部门的就业量增加（减少）。

第4章 罗伯津斯基定理和斯托尔珀-萨缪尔森定理

本章将证明哈里斯-托达罗经济中的罗伯津斯基定理（Rybczynski theorem）和斯托尔珀-萨缪尔森定理（Stolper-Samuelson theorem）。4.1 节使用马特慈（Matusz, 1985）方法证明罗伯津斯基定理。4.2 节利用琼斯方法，证明斯托尔珀-萨缪尔森定理。4.3 节使用琼斯手法（Jones，1965），二次推导罗伯津斯基定理。两种方法的结果相同。

4.1 汗型 HT 模型中的罗伯津斯基定理（证明1）

本节使用马特慈（Matusz，1985）方法证明汗型 HT 模型罗伯津斯基定理。

罗伯津斯基定理（Rybczynski theorem）：如果商品相对价格不变，每种产品的产量是由劳动和资本的禀赋量决定，如果劳动力和资本禀赋量比率上升，会导致劳动密集型（或资本密集型）产品的产量增加（减小）。

先调查一下，在两生产要素-两产品的哈里斯-托达罗型小国经济中的完全竞争市场，要素禀赋量变化如何影响两种产品的产出。最优资本/劳动率（ $\kappa_i = K_i / L_i$, $i = x, y$ ）不依赖于要素禀赋量。资本/劳动率满足式（4.1）：

$$\rho\kappa_x + (1-\rho)\kappa_y = \overline{\kappa} \tag{4.1}$$

这里， $\rho = L_x / L_e$ ， $L_e = L_x + L_y = L - L_u$ ， L_e 是整个经济体的劳动雇佣量， L_u 是城市失业量，表明经济整体失业量； K_i 和 L_i 分别是两部门雇佣的资本和劳动。假设 x 是资本相对密集的行业，则 $\kappa_x > \kappa_y$ 。依据式（4.1）， x 产品是资本相对密集型的， y 产品是劳动相对密集型的，如果要素禀赋不扭转，按照 $\overline{\kappa}$ 的增加（减少）， ρ 相对地增加（减少）。忽略污染的标准哈里斯-托达罗型经济中，式（3.1）和式（3.2）的 x 、 y 的总产出可被改写为

$$X = \rho L \cdot f(\kappa_x, 1) \tag{4.2}$$

$$Y = (1-\rho)L \cdot h(\kappa_x, 1) \tag{4.3}$$

这里，定义 $\hat{x} \equiv dx / x$。为了让最佳的资本/劳动率（$\kappa_i = K_i / L_i$：$i = x, y$）不依赖于生产要素禀赋量，式（4.2）和式（4.3）的全微分方程分别被式（4.2）和式（4.3）式相除，得到以下两个式子：

$$\hat{X} = \hat{\rho} + \hat{L}_e \tag{4.4}$$

$$\hat{Y} = -\rho\hat{\rho} / (1 - \rho) + \hat{L}_e \tag{4.5}$$

首先固定劳动力禀赋量 L，给这个小国经济注资。在这种情况下，$\hat{\rho} > 0$。因此，借用汗（Khan，1980）的城市工业部门工资的定义方法 $w_x / w_y = (1 + \mu)$。如果城市工业部门的失业率 μ 外生给定，依据 $\hat{\rho} > 0$，得到 $\hat{L}_x = \hat{L}_u > 0$（若 $\hat{L}_x = \hat{L}_u < 0$，则 $\hat{\rho} < 0$），因此，$\hat{L}_y < 0$。从劳动力的定义可知：

$$\Delta L = \Delta L_x + \Delta L_y \tag{4.6}$$

$$L = L_e + L_u = L_x + L_y + L_u \tag{4.7}$$

$$\Delta L_y = -(\Delta L_x + \Delta L_u) \tag{4.8}$$

$$\Delta L_e = \Delta L_x - (\Delta L_x + \Delta L_u) = -\Delta L_u < 0 \tag{4.9}$$

农村农业部门劳动在比率（κ_y）以上会移动到城市工业部门。由于 $\hat{L}_x = \hat{L}_u > 0$，城市工业部门从农村农业部门吸纳劳动力和资本，因此，增加了城市工业部门的产出。相应的可以得到 $\hat{X}(>0) > \hat{L}_e(=0) > \hat{Y}(<0)$。

到现在为止，不是单纯讨论劳动禀赋量 L，而是讨论整个经济的劳动就业量 L_e（$= L_x + L_y$）固定的情形，劳动力禀赋量 L 如果是固定的，整个经济的劳动就业量 L_e 如何改变，两种产品的产出又如何改变呢？以下将探讨这两个问题。

固定劳动力禀赋量 L，如果注入新的资本，劳动雇佣量可能变化[①]。劳动就业量的变化共有三种可能性：

（1）因为 $\hat{L}_e = 0$：$\hat{K} > 0$，$\hat{\rho} > 0$，因此从式（4.4）得到 $\hat{X} > 0$，从式（4.5）可得到 $\hat{Y} < 0$。因此，$\hat{X}(>0) > \hat{L}_e(=0) > \hat{Y}(<0)$。劳动禀赋 $\overline{L}$ 是固定的，在 $\hat{L}_e = 0$ 得出与上述情况相同的结果。但是，$\hat{L}_e = 0$ 的情况下，劳动禀赋量增加或减少的可能性都有。

---

① 参考本书的图 2.7。

（2）如果 $\hat{L}_e > 0$，$\hat{K} > 0$，则 $\hat{\rho} > 0$，从式（4.4）中得到 $\hat{X} > 0$，从式（4.5）得到 $\hat{X}(>0) > \hat{L}_e(>0) > \hat{Y}$。但是，$\hat{Y} = 0$，$\hat{Y} < 0, \hat{Y} > 0$ 的可能都会发生。

（3）$\hat{L}_e < 0$，$\hat{K} > 0$，则 $\hat{\rho} > 0$，从式（4.5）可以得到 $\hat{Y} < 0$，从式（4.4）得到 $\hat{X} > \hat{L}_e(<0) > \hat{Y}(<0)$。但是，$\hat{X} = 0, \hat{X} < 0, \hat{X} > 0$ 都有可能发生。结果，在资本禀赋量 K 增加的情况下，劳动禀赋量 L 被固定的情形与劳动雇佣量 L_e 被固定的情形可导出相同的结果 $\hat{X} > \hat{L}_e > \hat{Y}$。

现在，检查 $\hat{K}$（>0）和 $\hat{X}$ 的关系。马特慈（Matusz，1985）并没有讨论资本禀赋增加的情况。虽然，他的模型关于劳动力禀赋量变化的描述一目了然，但稍微改造一下他的模型，以继续证明由资本禀赋量变化而得到的扩大效应。这里，不使用资本/劳动率，而是使用劳动/资本率：

$$\delta\iota_x + (1-\delta)\iota_y = \overline{\iota} \tag{4.10}$$

式中，$\delta = K_x / K$；$\iota_i = L_i / K_i$（$i = x, y$）；$L_e = L_x + L_y = L - L_u$。假设 x 是资本相对密集的行业，则 $\iota_x < \iota_y$。依据式（4.1），产品 y 是资本相对密集的，如果要素禀赋不扭转，按照 $\overline{\iota}$ 增加（减少），相应的 δ 会减少（增加）。x 和 y 的总产量被重写

$$X = \delta K \cdot f(1, \iota_x) \tag{4.11}$$

$$Y = (1-\delta)L \cdot h(1, \iota_y) \tag{4.12}$$

式（4.11）和式（4.12）的全微分式子分别用式（4.11）和式（4.12）相除，得到以下两个式子：

$$\hat{X} = \hat{\delta} + \hat{K} \tag{4.13}$$

$$\hat{Y} = -\delta\hat{\delta} / (1-\delta) + \hat{K} \tag{4.14}$$

固定劳动力禀赋量 $\overline{L}$，将资本注入这个小国经济后，$\hat{\delta} > 0$。当然 $\hat{K}$ 大于 0，并且 $\hat{X} > \hat{K} > \hat{Y}$。而且，标准的哈里斯-托达罗型小国经济中的罗伯津斯基定理，在汗型工资假设[①]条件下是成立的。

---

① 参考汗（Khan，1980）。他首次将城市地区的最低工资设定成内生变量形式。在他的论文中，给城市部门的工资变数引入斯蒂格利茨（Stiglitz，1974）的劳动力流动（turnover）参数变量。为此，汗原来的设置是，两部门的最低工资都是内生的。然而，两个部门的最低工资标准并不一定是相等的。本书在汗（Khan，1980）的市区最低工资标准的设定中将斯蒂格利茨的员工流动参数剔除，只考虑最简单的哈里斯-托达罗型失业。因此，本书使用的汗型哈里斯-托达罗型经济的罗伯津斯基定理和斯托尔珀-萨缪尔森定理的结果，与汗（Khan，1980）的结果是不同的。

$$\hat{X}(>0) > \hat{K}(>0) > \hat{L}_e > \hat{Y} \qquad (4.15)$$

然而，即使在汗型经济的内生工资变量的假设下，汗型标准哈里斯-托达罗的小国经济中的罗伯津斯基定理也是成立的。

这是因为，罗伯津斯基定理是在两产品价格变化固定的假设条件下，关于要素禀赋量的定理，因为要素价格不改变，城市地区的失业率不会改变。因为 $\mu = L_u / L_x$ 依旧成立，与式（4.15）得到相同的结果。

然而，假设劳动禀赋量固定不变，当资本禀赋量增加，但城镇失业率不变时，失业量随着一定比率的城市工业部门雇佣的增长而增长。需要注意的是 $\hat{L}_e$ 是整个国家的雇佣量。

定理 4.1 汗型哈里斯-托达罗模型的罗伯津斯基定理：如果失业率是外生/内生给定的，产品的价格相对不变，各产品的产量是由劳动与资本的禀赋量决定的。固定劳动力禀赋量不变，当注入新的资本时，"资本密集型产品产量的增加率＞资本增加率＞劳动雇佣量（劳动禀赋量）增加率＞劳动密集型产品的产出量的增加率"成立。

与此相反，固定城市部门的资本，如果增加劳动要素禀赋量，罗伯津斯基定理的证明会变得稍微烦琐。以下分别考虑三种情况。

（1）$\hat{L}_e = 0$：新增劳动力将直接成为城市部门的失业。因为 $\mu = L_u / L_x$ 是固定的，城市工业部门就业必须增加，因此，城市工业部门从农村农业部门吸纳资本和劳动力，以增加工业品的产出（$\hat{X} > 0$），相应的农村农产品产量下降（$\hat{Y} < 0$）。但是与式（4.4）和式（4.5）的结果 $\hat{X} = \hat{Y} = 0$ 相矛盾。$\hat{L}_e = 0$ 不太可能发生。

（2）$\hat{L}_e < 0$：因此 $\hat{\rho} > 0$，并将 $\hat{\rho} > 0$ 和 $\hat{L}_e < 0$ 代入式（4.4）和式（4.5），上述资本禀赋量的增加与式（4.15）$\hat{X}(>0) > \hat{K}(>0) > \hat{L}_e > \hat{Y}(<0)$ 得到相同的结果，即引起大量的失业。

（3）$\hat{L}_e > 0$：可得 $\hat{\rho} < 0$，按照顺序可以得到下式：

$$\hat{Y}(>0) > \hat{L}_e(>0) > \hat{K}(=0) > \hat{X}(<0) \qquad (4.16)$$

另外，也可以改善市区的失业量。因此，如果固定资本禀赋量，劳动力禀赋量的增加有两种扩大失业的效果。与哈里斯-托达罗类型的失业密不可分。这两个结果，取决于在农村地区投入新的劳动力，还是在城市地区投入新的劳动力。如果在城市部门投入新的劳动力，则 $\hat{L}_e < 0$；如果在农村农业部门投入新的劳动力，则 $\hat{L}_e > 0$。

定理 4.2 汗型哈里斯-托达罗模型中的罗伯津斯基定理：如果失业率是外生/内生给定的，产品的相对价格不变，各产品的产出量由劳动与资本的资本禀赋量决定。假如固定资本的禀赋量，注入新的劳动力的时候：

（1）$\hat{L}_e < 0$："资本密集型产品的增长率＞资本增长率＞劳动雇佣量（劳动禀赋量）增长率＞劳动密集型产品的增长率"成立。

（2）$\hat{L}_e > 0$："劳动密集型产品的增长率＞劳动雇佣量（劳动禀赋量）增长率＞资本增长率＞资本密集型产品的增长率"成立。

4.2　汗型 HT 模型中的斯托尔珀-萨缪尔森定理

本节使用琼斯（Jones，1965）的方法，证明汗型 HT 模型中的斯托尔珀-萨缪尔森定理。

斯托尔珀-缪尔森定理（Stolper-Samuelson theorem）：生产要素禀赋量一定的情况下，劳动力（资本）密集型产品的相对价格上升，劳动力工资（资本租赁价格）将上升，资本租赁价格（劳动力工资）会下降。

a_{ji}（$j=K, L; i=x, y$）为生产一个单位产品 i 而投入的生产要素 j 的量，在充分竞争的情况下，依据企业利润最大化得到零利润条件：

$$a_{Lx}w_x + a_{Ky}r = p_x \tag{4.17}$$

$$a_{Ly}w_y + a_{Ky}r = p_y \tag{4.18}$$

对产品 x 全微分得到：

$$a_{Lx}\mathrm{d}w_x + a_{Kx}\mathrm{d}r + w_x\mathrm{d}a_{Lx} + r\mathrm{d}a_{Kx} = \mathrm{d}p_x \tag{4.19}$$

设单位生产成本为 $c_i(w_i, r) = ra_{Ki}(w_i, r) + w_i a_{Li}(w_i, r)$，以零利润条件为前提，思考产品 i 的等量曲线和量用最小化之间的关系。可得 $w_x\mathrm{d}a_{Lx} + r\mathrm{d}a_{Kx} = 0$。这就是从分配给产品 i 的劳动 L_i，到分配给产品 i 的资本 K_i 的"边际转型率"（marginal rate of transformation）$\mathrm{d}a_{Ki}/\mathrm{d}a_{Li} = -w_i/r$。整理上式，两边除以 p_x 得到

$$\frac{a_{Lx}w_x}{p_x} \cdot \frac{dw_x}{w_x} + \frac{a_{Kx}r}{p_x} \cdot \frac{dr}{r} = \frac{dp_x}{p_x} \qquad (4.20)$$

由此而知，劳动分配率 $a_{Lx}w_x / p_x = \chi_{Lx}$ 和资本分配率 $a_{Kx}r / p_x = \chi_{Kx}$。因此，

$$\chi_{Lx} + \chi_{Kx} = 1 \qquad (4.21)$$

此外，定义变量 $\hat{x} \equiv dx / x$，式（4.20）可被重写为如下等式：

$$\chi_{Li}\hat{w}_i + \chi_{Ki}\hat{r} = \hat{p}_i \qquad (4.22)$$

产品 x 是相对资本密集型，产品 y 是相对劳动密集型的，如果没有资本-劳动率的逆转，则

$$\chi_{Lx} - \chi_{Ly} = \chi_{Ky} - \chi_{Kx} < 0 \qquad (4.23)$$

这里，产品 y 的价格固定，如果增加产品 x 的价格，则

$$\hat{p}_x > \hat{p}_y = 0 \qquad (4.24)$$

将式（4.22）代入上面的式子，可得

$$\chi_{Lx}\hat{w}_x + \chi_{Kx}\hat{r} > \chi_{Ly}\hat{w}_y + \chi_{Ky}\hat{r} \qquad (4.25)$$

整理以上的式子，得到

$$\chi_{Lx}\hat{w}_x - \chi_{Ly}\hat{w}_y > (\chi_{Ky} - \chi_{Kx})\hat{r} \qquad (4.26)$$

在证明罗伯津斯基定理时，将曾使用过的汗（Khan，1980）的工资变量代入斯托尔珀-萨缪尔森定理的证明中。

如果城市的失业率 μ 是外生给定的，则可以得到 $\hat{w}_x = \hat{w}_y$（$w_x = (1+\mu)w_y \Rightarrow dw_x = (1+\mu)dw_y \Rightarrow dw_x/w_x = dw_y/w_y$），并且从式（4.26）得到

$$(\chi_{Lx} - \chi_{Ly})\hat{w}_x > (\chi_{Ky} - \chi_{Kx})\hat{r} \qquad (4.27)$$

将式（4.23）代入上述等式得到 $\hat{w}_x = \hat{w}_y < \hat{r}$。由式（4.22）的 $\hat{p}_y = 0$ 得到 $\hat{w}_x = \hat{w}_y < 0$、$\hat{r} > 0$。再由式（4.22）的 $\hat{p}_x > 0$，得到 $\hat{r} > \hat{p}_x$。进而得到

$$\hat{r} > \hat{p}_x > \hat{p}_y(=0) > \hat{w}_x = \hat{w}_y \qquad (4.28a)$$

因此，斯托尔珀-萨缪尔森定理在汗（Khan，1980）的工资变量的假设下是成立的。即使城镇失业率 μ 是内生的（关于失业率变化的重要因素的证明请联系作者）

也可以得到相同的结果。只是把"扩大效果"进一步扩大了。城镇失业率 $\mu > 0$ 是内生决定的时候：

$$\hat{w}_x \neq \hat{w}_y$$

$$w_x = (1+\mu)w_y$$

$$\mathrm{d}w_x = (1+\mu)\mathrm{d}w_y + w_x\mathrm{d}(1+\mu)$$

$$\mathrm{d}w_x/w_x = \mathrm{d}w_y/w_y + \{\mu/(1+\mu)\}(\mathrm{d}\mu/\mu)$$

$$\hat{w}_x = \hat{w}_y + n\hat{\mu}$$

$$n = \mu/(1+\mu) > 0$$

$$\chi_{Lx}\hat{w}_x - \chi_{Ly}\hat{w}_y > (\chi_{Ky} - \chi_{Kx})\hat{r} \tag{4.26}$$

$$(\chi_{Lx} - \chi_{Ly})\hat{w}_x + n\hat{\mu}\chi_{Ly} > (\chi_{Ky} - \chi_{Kx})\hat{r}$$

$$(\chi_{Lx} - \chi_{Ly})\hat{w}_x > (\chi_{Ky} - \chi_{Kx})\hat{r} + n\hat{\mu}\chi_{Ly}$$

$$\hat{w}_x < \hat{r} + n\hat{\mu}\chi_{Ly}/(\chi_{Lx} - \chi_{Ly})$$

$$\hat{w}_x < \hat{r} + n'$$

$\hat{\mu} > 0$：$n' < 0$，$\hat{w}_x < \hat{r}$ 时，由式（4.22）可得到 $\hat{p}_x = \chi_{Lx}\hat{w}_y + \chi_{Kx}\hat{r} = 0$，由于 $\hat{w}_y, \hat{r}$ 总有一个是正，一个是负，并且 $\hat{w}_x < \hat{r} + n'$，可得 $\hat{w}_x < 0$，$\hat{r} > 0$。式（4.28a）变成

$$\hat{r} > \hat{p}_x > \hat{p}_y(=0) > \hat{w}_x > \hat{w}_y \tag{4.28b}$$

然而，$\hat{\mu} > 0$ 的情况下加强了扩大效应。$\hat{\mu} < 0$：$n' > 0$ 的情况稍微复杂一些：

$$\chi_{Lx}\hat{w}_x - \chi_{Ly}\hat{w}_y > (\chi_{Ky} - \chi_{Kx})\hat{r} \tag{4.26}$$

$$(\chi_{Lx} - \chi_{Ly})\hat{w}_y + n\hat{\mu}\chi_{Lx} > (\chi_{Ky} - \chi_{Kx})\hat{r}$$

$$(\chi_{Lx} - \chi_{Ly})\hat{w}_y > (\chi_{Ky} - \chi_{Kx})\hat{r} + n\hat{\mu}\chi_{Lx}$$

$$\hat{w}_y < \hat{r} + n\hat{\mu}\chi_{Lx}/(\chi_{Lx} - \chi_{Ly})$$

$$\hat{w}_y < \hat{r} + n'$$

由式（4.22）得知 $\hat{p}_y = \chi_{Ly}\hat{w}_y + \chi_{Ky}\hat{r} = 0$，并且 $\hat{w}_y < \hat{r} + n'$、$\hat{w}_y, \hat{r}$ 必须一个是正，一个是负，因此，$\hat{w}_y < 0$，$\hat{r} > 0$。所以，

$$\hat{r} > \hat{p}_x > \hat{p}_y(=0) > \hat{w}_y > \hat{w}_x \tag{4.28c}$$

可以被导出。然而，$\hat{\mu} < 0$ 的情况下"扩大效果"可能会稍微被削弱。

定理 4.3 汗型哈里斯-托达罗模型的斯托尔珀-萨缪尔森定理:生产要素禀赋量一定的情况下,资本密集型产品的相对价格上升,资本租赁价格将上升更多,劳动工资下降。在失业率是外生的情况下,"资本租赁价格的变化率>资本密集型产品价格的变化率>劳动密集型产品价格的变化率>劳动工资变化率(城市工业部门的工资变化率=农村部门工资变化率)"成立。但是,如果失业率是内生变化的情况,$\hat{\mu}>0$(城镇劳动力工资变化率>农村劳动力工资的变化率)的情况会强化扩张作用,但$\hat{\mu}<0$(城市部门劳动力工资变化率<农村部门劳动工资变化率)的情况可能会削弱扩大效果。

相反,在这里,产品 x 的价格是被固定的,如果增加产品 y 的价格

$$\hat{p}_y < \hat{p}_x = 0 \tag{4.29}$$

如果在城市地区的失业率是外生给定的话,得到

$$\hat{w}_x = \hat{w}_y > \hat{p}_y > \hat{p}_x(=0) > \hat{r} \tag{4.30a}$$

也就是说,在这种假设下,斯托尔珀-萨缪尔森定理。如果城市部门的失业是内生给定的,如上述的求证过程一样,依据失业率变化率的正负,来分析 $\hat{\mu}>0$ 与 $\hat{\mu}<0$ 的各种情况:

$\hat{\mu}>0$:$\hat{w}_x > \hat{w}_y, n' < 0$可得$\hat{w}_y > \hat{r}$,依据式(4.22)可知,$\hat{p}_y = \chi_{Ly}\hat{w}_y + \chi_{Ky}\hat{r} = 0$,并且,$\hat{w}_y < \hat{r} + n'$、$\hat{w}_y, \hat{r}$ 必须一个是正,一个是负,可以得到 $\hat{w}_y > 0, \hat{r} < 0$。式(4.30a)可变更为以下内容:

$$\hat{w}_x > \hat{w}_y > \hat{p}_y > \hat{p}_x(=0) > \hat{r} \tag{4.30b}$$

然而,$\hat{\mu}>0$ 情况下加强了扩大效果。

$\hat{\mu}<0$:$\hat{w}_x < \hat{w}_y, n' > 0$可得$\hat{w}_x > \hat{r}$:依据式(4.22)可知$\hat{p}_x = \chi_{Lx}\hat{w}_x + \chi_{Kx}\hat{r} = 0$,而且,$\hat{w}_x < \hat{r} + n'$,$\hat{w}_x$、$\hat{r}$ 必须一个是正,一个是负,可以得到 $\hat{w}_x > 0, \hat{r} < 0$。因此,式(4.30a)被改写为如下式子:

$$\hat{w}_y > \hat{w}_x > \hat{p}_y > \hat{p}_x(=0) > \hat{r} \tag{4.30c}$$

但是,$\hat{\mu}<0$ 的情况下扩张效果可能会被削弱。

定理 4.4 汗型哈里斯-托达罗模型下的斯托尔珀-萨缪尔森定理:生产要素

禀赋量一定的情况下，随着劳动密集型产品的相对价格上升，劳动工资将上升更多，资本租赁价格将下降。失业率如果外生地给定，"劳动工资（城市工业部门工资变化率=农村部门工资变化率）变化率＞资本密集型产品价格的变化率＞资本租赁价格的变化率"成立。然而，失业率是内生变量时，$\hat{\mu} > 0$（城市工业部门的工资变化率＞农村部门工资变化率）的情况下扩大效果被强化。$\hat{\mu} < 0$（工业部门工资变化率＜农村部门工资变化率）的情况下，扩张效果可能会被削弱。

4.3　汗型 HT 模型中的罗伯津斯基定理（证明 2）

本节使用 4.1 节用的马特慈（Matusz，1985）方法再次证明罗伯津斯基定理。通过利用琼斯手法进行验证，两种方法的结果相同。

本国的资本禀赋量 K，劳动力雇佣量 L_e，产品 1、2 的产出用 x_1、x_2 表示，要素完全雇佣的条件，竞争均衡价格，各生产要素对产品 i（i=1，2）的投入份额，各生产要素在各产品 i 的生产成本中的占比如下：

$$a_{K_1} x_1 + a_{K_2} x_2 = K \tag{4.31}$$

$$a_{L_1} x_1 + a_{L_2} x_2 = L_e \tag{4.32}$$

$$a_{K_i} r + a_{L_i} w_i = p_i \tag{4.33}$$

$$o_{K_i} \equiv a_{K_i} x_i / K \tag{4.34}$$

$$o_{L_i} \equiv a_{L_i} x_i / L_e \tag{4.35}$$

$$\phi_{K_i} \equiv a_{K_i} r / p_i \tag{4.36}$$

$$\phi_{L_i} \equiv a_{L_i} w_i / p_i \tag{4.37}$$

式（4.34）～式（4.37）给出以下两个式子：

$$o_{K_1} + o_{K_2} = o_{L_1} + o_{L_2} = 1 \tag{4.38}$$

$$\phi_{K_1} + \phi_{K_2} = \phi_{L_1} + \phi_{L_2} = 1 \tag{4.39}$$

关于变量 y，定义 $\hat{y} \equiv dy/y$。将式（4.31）～式（4.33）全微分，整理后得到下面的四个式子：

$$o_{K_1}\hat{x}_1 + o_{K_2}\hat{x}_2 = \hat{K} - (o_{L_1}\hat{a}_{K_1} + o_{L_2}\hat{a}_{K_2}) \qquad (4.40)$$

$$o_{L_1}\hat{x}_1 + o_{L_2}\hat{x}_2 = \hat{L}_e - (o_{L_1}\hat{a}_{L_1} + o_{L_2}\hat{a}_{L_2}) \qquad (4.41)$$

$$\phi_{K_1}\hat{r} + \phi_{L_1}\hat{w}_1 = \hat{p}_1 - (\phi_{K_1}\hat{a}_{K_1} + \phi_{L_1}\hat{a}_{L_1}) \qquad (4.42)$$

$$\phi_{K_2}\hat{r} + \phi_{L_2}\hat{w}_2 = \hat{p}_2 - (\phi_{K_2}\hat{a}_{K_2} + \phi_{L_2}\hat{a}_{L_2}) \qquad (4.43)$$

由上述伊藤大山介绍的等量曲线与量用最小化的关系（生产成本最小化的一阶条件）可以得到下面的式子：

$$r\mathrm{d}a_{k_i} + w_i\mathrm{d}a_{L_i} = 0 \qquad (4.44)$$

将式（4.36）和式（4.37）代入式（4.44）中，得到如下公式：

$$\phi_{K_i}\hat{a}_{k_i} + \phi_{L_i}\hat{a}_{L_i} = 0 \qquad (4.45)$$

由式（4.42）、式（4.43）中的右面第二项为零，整理后得到如下等式：

$$\phi_{K_i}\hat{r} + \phi_{L_i}\hat{w}_i = \hat{p}_i \qquad (4.46)$$

然后，产品 i 的生产的替代生弹性可以定义为

$$\sigma_i \equiv (\hat{a}_{k_i} - \hat{a}_{L_i}) / (\hat{w}_i - \hat{r}) \qquad (4.47)$$

将式（4.47）代入式（4.45）可以得到下面的两个式子：

$$\hat{a}_{L_i} = -\phi_{K_i}\sigma_i(\hat{w}_i - \hat{r}) \qquad (4.48)$$

$$\hat{a}_{K_i} = \phi_{L_i}\sigma_i(\hat{w}_i - \hat{r}) \qquad (4.49)$$

现在将式（4.48）和式（4.49）代入式（4.40）和式（4.41），当城镇失业率是外生给定的时候，得到以下两个公式：

$$o_{K_1}\hat{x}_1 + o_{K_2}\hat{x}_2 = \hat{K} - \delta_K(\hat{w} - \hat{r}) \qquad (4.50)$$

$$o_{L_1}\hat{x}_1 + o_{L_2}\hat{x}_2 = \hat{L}_e - \delta_L(\hat{w} - \hat{r}) \qquad (4.51)$$

但是，

$$\delta_K = \phi_{K_1}o_{L_1}\sigma_1 + \phi_{K_2}o_{L_2}\sigma_2 \qquad (4.52)$$

$$\delta_L = \phi_{L_1}o_{K_1}\sigma_1 + \phi_{L_2}o_{K_2}\sigma_2 \qquad (4.53)$$

如果城市部门失业率是外生给定的，其中式（4.52）和式（4.53）会变得很复

杂，但不会影响证明罗伯津斯基定理。那是因为 $\hat{p}_i = 0; \hat{w}_i = \hat{r} = 0$ 成立。现在，证明罗伯津斯基定理。首先，固定劳动力禀赋量，新的资本禀赋量定义为

$$\hat{K} > \hat{L}_e \geq 0 \tag{4.54}$$

产品 1 是资本密集型的，产品 2 是劳动密集型的，两种产品的要素密集度不逆转，始终

$$o_{K_1} > o_{L_1} \tag{4.55}$$

$$o_{K_2} < o_{L_2} \tag{4.56}$$

两个不等式成立。由式（4.50）、式（4.51）、式（4.54）和 $\hat{p}_i = 0$，$\hat{w}_i = \hat{r} = 0$ 可得

$$o_{K_1}\hat{x}_1 + o_{K_2}\hat{x}_2 = \hat{K} \tag{4.57}$$

$$o_{L_1}\hat{x}_1 + o_{L_2}\hat{x}_2 = \hat{L}_e \tag{4.58}$$

利用式（4.57），可以得到下面的式子：

$$\hat{x}_1 = (1 / o_{K_1})\hat{K} - (o_{K_2} / o_{K_1})\hat{x}_2 \tag{4.59}$$

把式（4.59）代入式（4.58），整理可以得到

$$\hat{x}_2 = (o_{K_1} / (o_{L_2} - o_{K_2}))(\hat{L}_e - \hat{K}o_{L_1} / o_{K_1}) \tag{4.60}$$

两边同时减去 $\hat{L}_e$，可得到下面的式子：

$$\hat{x}_2 - \hat{L}_e = (o_{L_1} / (o_{L_2} - o_{K_2}))(\hat{L}_e - \hat{K}) < 0 \tag{4.61}$$

用同样的方法可以得到

$$\hat{x}_1 - \hat{K} > 0 \tag{4.62}$$

因此，可以进一步得到

$$\hat{x}_1 > \hat{K} > \hat{L}_e > \hat{x}_2 \tag{4.63}$$

相反，当固定资本禀赋量时，如果给这个经济注入新的劳动力，如与 4.1 节运用的方法相同，需要分析 $\hat{L}_e$（$\hat{L}_e = 0$；$\hat{L}_e < 0$；$\hat{L}_e > 0$）的变化是否对产品的产量有影响。

（1）$\hat{L}_e = 0$：新增劳动力将会直接成为城市部门的失业。因为 $\mu = L_u / L_x$ 是固定的，城市工业部门的雇佣必须增加，因此，城市部门从农村农业部门吸收

劳动力、资本，增加城市工业品的产出（$\hat{X} > 0$），相应的农村农产品产量下降（$\hat{Y} < 0$）。只是与式（4.59）和式（4.60）的结果 $\hat{X} = \hat{Y} = 0$ 相矛盾，$\hat{L}_e = 0$ 不可能成立。

（2）$\hat{L}_e < 0$：将 $\hat{K} = 0$、$\hat{L}_e < 0$ 代入式（4.59）～式（4.62），与上述资本禀赋量的增加的式（4.63）$\hat{X}(>0) > \hat{K}(>0) > \hat{L}_e(<0) > \hat{Y}(<0)$ 得到相同的结果，但是会引起大量的失业量。

（3）$\hat{L}_e > 0$：将 $\hat{K} = 0$、$\hat{L}_e > 0$ 代入式（4.59）～式（4.62）后，可以得到

$$\hat{Y}(>0) > \hat{L}_e(>0) > \hat{K}(=0) > \hat{X}(<0) \tag{4.64}$$

另外，也可以改善市区的失业量。因此，如果固定资本禀赋量，劳动力禀赋量的增加有两种"扩大效果"的可能性。它与哈里斯-托达罗型的失业相关。这两个结果，取决于是在农村地区还是城市地区新投入的劳动力。如果投入城市地区，$\hat{L}_e < 0$；如果投入农村的农业部门，则 $\hat{L}_e > 0$。

4.4　本　章　小　结

4.1 节使用比马特慈（Matusz，1985）简单的方法证明了罗伯津斯基定理。因此，劳动力禀赋量的增加有两种"扩大效果"。它与哈里斯-托达罗类型的失业相关。这两个效果，取决于是在农村地区还是城市地区投入新的劳动力。

4.2 节利用琼斯方法，证明斯托尔珀-萨缪尔森定理。在生产要素禀赋量一定的情况下，随着资本密集型产品的相对价格上升，资本租赁价格将上升更多，劳动工资会下降。在失业率是外生的情况下，"资本租赁价格的变化率＞资本密集型产品价格的变化率＞劳动密集型产品价格的变化率＞劳动工资变化率（城市工业部门的工资变化率=农村部门工资变化率）"成立。但是，如果失业率是内生变化的情况，$\hat{\mu} > 0$（城镇劳动力工资变化率＞农村劳动力工资的变化率）的情况会强化扩张作用，但 $\hat{\mu} > 0$（城市部门劳动力工资变化率＜农村部门劳动工资变化率）的情况可能会削弱扩大效果。

相反，劳动密集型产品的相对价格上升，劳动工资将上升更多，资本租赁价格将下降。失业率如果外生给定，"劳动工资（城市工业部门工资变化率=农村部

门工资变化率）变化率＞资本密集型产品价格的变化率＞资本租赁价格的变化率"成立。然而，失业率是内生的情况（城市工业部门工资变化率＞农村部门工资变化率），$\hat{\mu} > 0$ 的情况下扩大效果被强化。$\hat{\mu} > 0$（工业部门工资变化率＜农村部门工资变化率）的情况下，扩张效果可能会被削弱。

另外，如果劳动密集型产品的相对价格上升，劳动工资将上升很多，资本租赁价格将下降。失业率如果外生给定，"劳动工资（城市工业部门工资变化率＝农村部门工资变化率）变化率＞资本密集型产品价格的变化率＞资本租赁价格的变化率"成立。然而，失业率是内生的情况下，（城市工业部门工资变化率＞农村部门工资变化率）的时候扩大效果被强化。（工业部门工资变化率＜农村部门工资变化率）的情况下，扩张效果可能被消弱。

4.3 节，使用琼斯（Jones，1965）方法再次证明了罗伯津斯基定理，得到了与马特慈（Matusz，1985）同样的结果。

第5章 发展中国家环境污染、环境政策与失业问题
——城市-农村的工资差距

到现在为止，运用哈里斯-托达罗型经济在环境政策、失业、关税理论方向的研究很多，却没有对发展中国家的最适"污染需求和污染供给"的研究，即最佳环境政策和最佳的污染排放。为此，本章将分析一个国家的最适环境政策及最适"污染需求和污染供给"。在科普兰特-泰勒（2003）小型开放经济中引入哈里斯-托达罗型失业，此经济的均衡状态属于部分均衡。本章尤其关注发展中国家的二元经济的"污染需求和污染供给"关系，同时也关心最佳的控制污染排放环境税如何设定的问题。另外，还明确了由劳动禀赋增加引发的失业量是如何影响环境政策和污染排放量变化的。

5.1 节中引入科普兰特-泰勒式排污系统的哈里斯-托达罗型经济。5.2 节定义污染减排技术。5.3 节引入成本最小化的问题。5.4 节定义消费者效用函数。5.5 节介绍国民收入和它的性质。5.6 节介绍污染需求。5.7 节分析污染供给。5.8 节解释调整均衡。5.9 节阐明环境政策变化如何影响失业。5.10 节介绍污染需求和污染供给在封闭经济中的关系。

本章的贡献主要有三个：

（1）证明汗型经济中的哈里斯-托达罗型罗伯津斯基定理、斯托尔珀-萨缪尔森定理是成立的，利用其结果，本章将汗型哈里斯-托达罗模型与科普兰特-泰勒模型成功地结合。

（2）详细分析了整个经济的失业量与"污染需求和污染供给"曲线的关系。其结果是，失业量增加（减少），工业产品的产出将增加。因此，污染排放量增加（减少），导致污染排放税增加（减少）；污染排放税增加（减少），工业部门努力（不努力）减少污染，换句话说，生产要素投入的增加（减少），工业部门劳动雇佣量会增加（减少），失业量有较高的概率会增加（减少）。也就是，在 HTK 型经济，失业量一旦增加，环境税越高，失业量进一步增加。

本章将要构造一个科普兰特-泰勒模型与哈里斯-托达罗模型相结合的扩展模型，两个模型原有的很多的性质都可以保留，与原始模型有的性质相反的结果也同时得出。然而，在科普兰特-泰勒模型中关于劳动力禀赋量的增加，经济整体雇佣量或者增加或者减少，两种情况都有。为了避免这一点，本书首次在科普兰特-泰勒模型中导入"经济整体劳动力雇佣量"（或者经济整体雇佣率）变量。经济整体雇佣量，这个变量的应用会带来很多方便，可以规避各种问题，还能保留很多科普兰特-泰勒模型中变量的性质。

（3）如果城市-农村工资差距增加（减少），失业量增加（减少），工业品的价格也增加（减少），导致国民收入增加（减少）。工资差距的优点和缺点得到了明确。

5.1　构　建　模　型

本节为了研究小型开放二元经济中环境污染、环境政策和失业的关系，构建了一个基础的数学模型系统。这种经济有两个部门：城市工业部门和农村农业部门，为了生产城市工业部门的产品，对环境产生不利影响的污染物（join pollution）同时被"生产"，但不影响农业的生产率。各部门的生产函数[①]定义如下：

农村农业部门：

$$y = H(K_y, L_y) \tag{5.1}$$

城市工业部门：

$$x = (1-\theta)F(K_x, L_x) \tag{5.2}$$

$$z = \varphi(\theta)F(K_x, L_x) \tag{5.3}$$

式中，x 和 y 分别是城市工业部门和农村农业部门的产出；K_i 和 L_i $(i = x, y)$ 是生产每一产品的劳动和资本；z 是工业部门的污染产出；θ 是城市工业部门对政府环境政策的污染减排战略系数。换句话说，在工业部门 θ 份的资源投入用于污染排

---

① 式（5.1）～式（5.5）参考科普兰特-泰勒模型（2003）公式。

放。$F(\cdot)$ 函数是增加的凹函数，并且是线性齐次函数：则 $0 \leq \theta \leq 1$；$\varphi(0) = 1$；$\varphi(1) = 0$；并且 $\mathrm{d}\varphi/\mathrm{d}\theta < 0$。这里：

$$\varphi(\theta) = (1 - \theta)^{1/\alpha} \tag{5.4}$$

可被定义。另外，$0 < \alpha < 1$。从式（5.2）、式（5.3）和式（5.4）可以求出 x 和 z 之间的关系。式（5.5）是线性齐次函数（linearly homogenous）：

$$x = z^{\alpha}[F(K_x, L_x)]^{1-\alpha} \tag{5.5}$$

城市失业率被定义为 $\mu \equiv L_u / L_x$，劳动、资本市场上的劳动、资本供需均衡式[①]为

$$(1 + \mu)L_x + L_y = L \tag{5.6a}$$

$$L_x + L_y + L_u = L \tag{5.6b}$$

$$K_x + K_y = K \tag{5.7}$$

式中，L 和 K 分别是这个国家的劳动力禀赋量和资本禀赋量；L_x, L_y 和 K_x, K_y 分别是城市工业部门和农村农业部门的劳动雇佣量，资本雇佣量；L_u 是城市部门的失业量，也可被称为经济整体失业量。

发展中国家的劳动市场在本章中依旧被假设为哈里斯-托达罗类型劳动市场，工业部门的劳动工资比农业部门的劳动工资相对高水平地被假设为 $w_x = \Omega(w_y, r, \mu)$[②]。$r$ 是资本的租赁价格。农业部门的工资等于劳动的边际生产率：

$$w_y = H_L(K_y, L_y) \tag{5.8}$$

哈里斯-托达罗型经济中的城市-农村劳动力转移均衡满足下式：

$$\frac{w_x}{w_y} = (1 + \mu) \tag{5.9}$$

---

① 式（5.6b）~式（5.8），式（5.10）~式（5.12）为标准哈里斯-托达罗模型的原式。式（5.6a）和式（5.9）是简化的汗（khan，1980）的剔除人事调动参数的式子。

② 请参考汗（Khan，1980），这是汗首次将城市部门的最低工资问题设置成内生工资变量的形式。在他的论文中，在城市部门的工资变量中引入斯蒂格利茨（Stiglitz，1974）的员工离职参数。斯蒂格利茨（Stiglitz，1974）的原始设置中，两部门均有内生的最低工资。本书中，从汗（1980）型市区最低工资标准的设定中减去斯蒂格利茨的员工离职参数，只考虑最简单的哈里斯-托达罗型失业。因此，本书使用的汗型哈里斯-托达罗型经济的罗伯津斯基定理和斯托尔珀-萨缪尔森定理的结果与汗（1980）的是不同的。这两个定理的证明可以参考第3章。

式中，p_x 和 p_y 分别是城市工业部门和农村农业部门的产品价格，依据每个部门利润最大化，工资等于劳动边际产品价值。因此，

$$p_x \cdot F_x(K_x, L_x) = w_x \tag{5.10}$$

$$p_y \cdot H_L(K_y, L_y) = w_y \tag{5.11}$$

成立。这里，设定 $F_L \equiv \partial F / \partial L_x$、$H_L \equiv \partial H / \partial L_y$。两部门资本边际生产率为

$$F_K(K_x, L_x) = H_K(K_y, L_y) = r \tag{5.12}$$

为了方便，设定 $F_K \equiv \partial F / \partial K_x$、$H_K \equiv \partial H / \partial K_y$。

p_x，p_y，K，L，θ，α 如果是给定的、均衡的时候，式（5.1）～式（5.4），式（5.6）～式（5.12），11 个式子可以计算出 $x, y, z, K_x, K_y, L_x, L_y, L_u, r, w_x, w_y$ 共 11 个变量。

5.2 污染减排技术

依据科普兰特-泰勒模型，对城市工业部门污染减排努力（pollution abatement activity），详细定义其"污染减排技术"。假设 x^a 是企业内部基于分配给污染减排使用的"资源"而减少的工业产品产出量，z^p 是潜在的被生产出来的"污染排放量"，令 $a(z^p, x^a)$ 为污染减排技术。这里，a 规模报酬一定。因此，这个经济中的污染量等于"潜在的被生产出来的'污染排放量'"和"被减排掉的污染量"之差[①]：

$$z = z^p - a(z^p, x^a) \tag{5.13}$$

由于污染减排技术是规模报酬不变的，如下改写式（5.13）：

$$z = z^p[1 - a(1, x^a / z^p)] \tag{5.14}$$

城市工业部门完全不努力进行污染排放的情况下，$z^p = F$；θ 代表在减少污染时所使用的资源的百分比，则 $\theta = x^a / F = x^a / z^p$。因此，式（5.14）可以改写为

---

① 式（5.13）～式（5.16）参考科普兰特-泰勒模型（2003）公式。

$$z = [1 - a(1,\theta)]F(K_x, L_x) = \varphi(\theta)F(K_x, L_x) \tag{5.15}$$

并且，式（5.4）可以改写成以下的等式：

$$\varphi(\theta) = 1 - a(1,\theta) \tag{5.16}$$

5.3　成本最小化

生产一单位潜在 F 产品（污染排放量为零时的工业产品，或者在环境政策足够宽松时的工业产品）的最小成本，等于投入生产的"投入费用"。如果城市最低工资为 w_x，用于生产一单位潜在产品 F 的最小成本[①]被定义为

$$c^F(r, w_x) = \min_{\{K_x, L_x\}} \{rK_x + w_x L_x : F(K_x, L_x) = 1\} \tag{5.17}$$

城市工业部门为了生产一单位 F 产品，选择最小的 (K_x, L_x) 组合。F 的总费用为 $c^F(r, w_x) \cdot F$。当然，城市工业部门的企业，付出多少污染减排工作是按照最低成本来确定的。

假设政府针对每单位的污染排放征收 τ 单位的环境税，企业将按照各种费用决定污染排放的总量,确定对生产最适的成本效益技术（cost-effective techniques）。企业需要解决如下的成本最小化问题：

$$c^x(r, w_x, \tau) = \min_{\{z, F\}} \{\tau z + c^F(r, w_x)F : z^\alpha F^{1-\alpha} = 1\} \tag{5.18}$$

因而，求解式（5.18），依据一阶条件（first-order condition）可以整理得到

$$\frac{z}{F}\frac{(1-\alpha)}{\alpha} = \frac{c^F}{\tau} \tag{5.19}$$

定义 $p \equiv p_x / p_y$，农产品 y 如果被设置为标准产品，城市工业产品的费用可被描述为

$$px = c^F F + \tau z \tag{5.20}$$

---

① 式（5.17）～式（5.25）参考科普兰特-泰勒模型（2003）公式。

因此，利用式（5.19）和式（5.20），将生产每单位 x 而产生的污染排放量定义为 e

$$e \equiv \frac{z}{x} = \frac{\alpha p}{\tau} \leqslant 1 \tag{5.21}$$

污染排放被重写为

$$z = ex \tag{5.22}$$

将式（5.22）代入 $x = z^\alpha [F(K_x, L_x)]^{1-\alpha}$ ［式（5.5）］，得到

$$x = e^{\alpha/(1-\alpha)} F(K_x, L_x) \tag{5.23}$$

如果合并式（5.23）和式（5.2），得到

$$e = (1-\theta)^{(1-\alpha)/\alpha} \tag{5.24}$$

再利用式（5.24）和式（5.21），θ 就可以如下价格的形式被评价：

$$\theta = 1 - \left(\frac{\alpha p}{\tau}\right)^{\alpha/(1-\alpha)} \tag{5.25}$$

5.4　消费者效用

消费者效用函数[①]定义如下：

$$U(x, y, z) = u(x, y) - h(z) \tag{5.26}$$

式中，$u(x, y)$ 是增函数，并且是位似效用函数（homothetic utility function）和凹函数。位似效用函数属性在国际贸易理论中多被引用其标准形式，主要有两个好处。

（1）将间接效用函数简单地定义为实际收入的增函数（real income: nominal income divided by a price index）。

（2）可以确保产品相关的需求没有受收入水平（income levels）的影响。换句

---

① 式（5.26）~式（5.28）参考科普兰-泰勒（2003）的原公式。

话说，依据位似效用函数的假设，产品 x 和产品 y 的边际替代率不受环境质量的影响。并且，产品价格被环境质量的需求影响的程度可以被限制。

每个消费者依据污染排放量、产品价格、人均收入（per capita income）的制约而力求效用最大化。间接效用函数可以写成如下的式子：

$$V(p, I, z) = v(I / \pi(p)) - h(z) \tag{5.27}$$

为方便起见，城市工业产品和农产品的相对价格定义为 $p \equiv p_x / p_y$。I 是人均收入，π 是物价指数[①]，v 是间接效用函数，和 $u(x, y)$ 相对。则实际收入为

$$R = \frac{I}{\pi(p)} \tag{5.28}$$

5.5　国　民　收　入

本节在求解出发展中国家的污染需求和污染供给之前先定义了一个重要的变量，国民收入（national income）。首先，$T(K, \beta L, z)$ 是二维凸生产可能集合，并且是规模报酬一定。换句话说，T 是所有的净产出集合 (x, y) 的组合，这个集合 (x, y) 对于被赋予的 z，是基于要素禀赋量 L 的所有可能的两产品的集合。

定义 $\beta \equiv 1 - L_u / L$，因此，可得 $\beta L = L - L_u = L_x + L_y$。这个假设可以依旧保持国民收入函数的各种属性，非常方便。此外，还能阐明污染政策和污染排放量的变化如何对失业量产生影响。进而，国家收入[②]的定义如下：

$$G(p^x, p^y, K, \beta L, z) = \max_{\{x, y\}} \{p^x x + p^y y : (x, y) \in T(K, \beta L, z)\} \tag{5.29}$$

任意水平的污染排放、要素禀赋量、基本的生产技术被给定的时候，G 可以代表世界价格背景下的国民收入的价值。

---

① 位似函数是线性齐次函数增加属性的变形函数。当 $u = \psi(\xi(x, y))$ 时，ξ 是一次同次函数，ψ 是增函数。如果 ξ 是一次同次函数，产品 x、产品 y 的需求分别为 $x = b_x(p)I$、$y = b_y(p)I$。利用线性同质性，效用函数可被重写为 $u = \psi[\xi(b_x(p), b_y(p))I]$。$\pi(\cdot)$ 是对应 ξ 的价格指数。因此，效用函数是实质收入 $I / \pi(p)$ 的增函数。

② 式（5.29）和式（5.30），式（5.31）～式（5.48），是作者在科普兰特-泰勒（2003）的原式基础上加上了失业率 $\beta (0 < \beta < 1)$。

边际污染减排成本：国民所得 G 对污染排放 z 的一阶偏微分是城市工业部门的污染排放权的价格。可表示为下式：

$$\frac{\partial G(p^x, p^y, \beta L, z)}{\partial z} = \tau \qquad (5.30)$$

直观地说，如果在城市工业部门的公司被允许增加一单位的污染排放量，国民收入依据污染排放的边际生产率的价值而上升。污染排放量的边际生产率的价值，相当于该公司在市场竞争中所支付的污染排放权的价格。如果环境也被视为一种类型的生产投入的话，上述讨论过的内容，显然是要素回报。

$\partial G / \partial z$ 是边际污染减排成本（general equilibrium marginal abatement cost）。如果试图减少污染排放 z，国民收入可允许的污染减排的支出也随之降低。相应的，国民收入减少的那部分为 $\partial G / \partial z$。换句话说，$\partial G / \partial z$ 衡量此经济低排放目标的调整成本。对于公司来说，减少污染主要有两种方法：①投入更多生产要素到污染减排工作中。②少生产工业产品 x，多生产农产品 y。

不管怎样的市场、多严格的排污许可、多贵的排污税，该公司都会选择上述两种战略的最优组合，即选择费用最小的组合。与此同时，$\partial G / \partial z$ 就是衡量这个经济可达到的污染排放的最低可能成本。另外，在式（5.30）的另一个解释中，污染排放所花费的费用等于边际污染消减行为的费用。

5.6　污　染　需　求

本节将展示国民收入函数 G 的各种性质和哈里斯-托达罗型经济的污染需求。G 是一个最大价值函数（maximum value function），持有重要的曲率性质：对价格来说是凸函数。产出的供给曲线向右上方向倾斜。它可以用如下表达式来说明：

$$\frac{\partial^2 G}{\partial p_x{}^2} = \frac{\partial x}{\partial p_x} \geqslant 0, \quad \frac{\partial^2 G}{\partial p_y{}^2} = \frac{\partial y}{\partial p_y} \geqslant 0 \qquad (5.31)$$

这种经济是规模报酬不变的，G 对要素禀赋量是凹的：

$$\frac{\partial^2 G}{\partial z^2} = \frac{\partial \tau}{\partial z} \leqslant 0 \qquad (5.32)$$

与式（5.31）相比，式（5.32）的全要素的需求曲线向右下方倾斜。与本节相关联的是式（5.32）的等号右侧的项：界限污染减排成本曲线向右下倾斜。请参考图5.1。

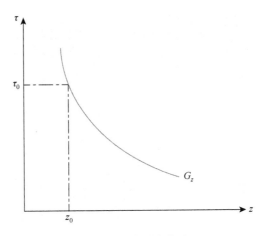

图 5.1　污染需求曲线

根据式（5.8），因为农村农业部门的工资等于城市工业部门的期望工资，在科普兰特-泰勒模型中，由于没有最低工资制度，因此，式（5.32）中的劳动力的工资与两部门一致。最后，G 有两个同次的性质：

（1）对于价格是一次同次，即

$$G(\lambda p_x, \lambda p_y, K, \beta L, z) = \lambda G(p_x, p_y, K, \beta L, z)，\quad 且 \lambda > 0 \qquad (5.33)$$

如果所有的价格翻一倍，国民收入也翻倍，它不影响生产。此外，汗型哈里斯-托达罗经济的工资变量 $\lambda w_x = \Omega(\lambda w_y, \lambda r, \mu)$ 是一次同次，与上述的结果一致。w_y 是全国平均工资，与科普兰特-泰勒模型不同。

（2）如果要素禀赋量增加一倍，而价格不变，经济的规模会扩大。这是因为这种经济依赖于规模报酬不变。

$$G(p_x, p_y, \lambda K, \lambda \beta L, \lambda z) = \lambda G(p_x, p_y, K, \beta L, z)，\quad 且 \lambda > 0 \qquad (5.34)$$

根据式（5.30），污染排放税表示为

$$\tau = \partial G_z(p, K, \beta L, z) \qquad (5.35)$$

式（5.35）所对应的 z 的反函数可被定义为 $z = z(\tau, p, K, \beta L)$。因此，污染需

求曲线的斜率为

$$\frac{\mathrm{d}z}{\mathrm{d}\tau} = \frac{1}{G_{zz}} \leqslant 0 \tag{5.36}$$

国民所得函数 G 是一个凹函数，污染需求曲线的斜率非正（$\leqslant 0$）。另外，回想式（5.22）的 $z = ex$。据此，污染排放权是由环境税 τ、要素禀赋量和工业产品的价格来确定的。

e 通过式（5.21）被定义为 $e \equiv \alpha p / \tau$。而且，式（5.1）～式（5.12），x 和 y 是 $(p_x, p_y, K, \beta L, \theta)$ 的函数。而且，$x = x(p_x, p_y, K, \beta L, \tau)$ 和 $y = y(p_x, p_y, K, \beta L, \tau)$ 分别表示城市工业部门和农村农业部门的产出函数（θ 是 (p, τ) 的函数）。

城市工业部门的产品可被表示为 $x = x(p_x, p_y, K, \beta L, \tau)$。因此，污染需求为

$$\frac{\partial z}{\partial \tau} = e_\tau x + e x_\tau < 0 \tag{5.37}$$

式（5.36）的污染需求曲线的斜率向右下方倾斜，可以确认式（5.37）中有两个制造负斜率的影响机制。请参看图 5.2。污染需求曲线向右下方倾斜的原因主要有两个：①高污染排放税使得污染减排工作更有意义，污染排放量减少。②高污染消减的努力导致用于减少污染所使用的资源增加，用以生产工业产品的资源减少，其结果是，随着工业制品产出的减少，污染排放量也降低了。结果，生产工业产品的一部分生产者从城市工业部门退出，转移到农村农业部门。

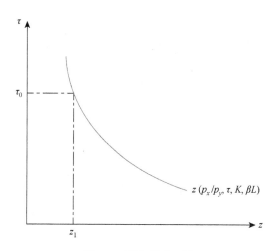

图 5.2　污染需求函数

5.7 污 染 供 给

本节的目标是找到这个经济的最优污染限制政策。式（5.35）代表了污染的边际利益，为了保障经济的全体平衡，必须找到污染的边际破坏。假定每个消费者是相同的，政府确定最优策略。为了确定这个污染的边际破坏，基于生产可能性和两部门的行动，选择合适的污染的水平以保证消费者效用最大化。

$$\max_z V(p,I,z)$$

$$\text{s.t. } I = G(p,K,\beta L,z) / N \tag{5.38}$$

式中，V 是一个典型消费者（a typical consumer）的间接效用函数，所有消费者 N 具有相同的偏好，在这种情况下，每个消费者获取相同的平均收入①。这里如上定义 $p \equiv p_x + p_y$，p 是工业产品和农产品的价格比率，称为相对价格。利用一阶条件（first-order condition）来决定可以排放多少污染：

$$V_p \frac{\mathrm{d}p}{\mathrm{d}z} + V_I \frac{\mathrm{d}I}{\mathrm{d}z} + V_z = 0 \tag{5.39}$$

污染的增加对产品的价格、平均收入、环境破坏产生影响，不管是哪一方面都会最终影响消费者的利益。本节分析小型开放经济，该国的污染排放量的变化，对世界价格的影响是可以被忽略的。因此，$\mathrm{d}p / \mathrm{d}z = 0$。所以，式（5.39）被重写为如下等式：

$$\mathrm{d}I / \mathrm{d}z = -V_z / V_I \tag{5.40}$$

式（5.40）右边是污染排放和人均收入的边际替代率，换句话说，是一个典型消费者支付污染减排的"意愿"。在环境经济学中被称为"边际损害"。可被定义为 MD：

$$\mathrm{MD} \equiv -V_z / V_I \tag{5.41}$$

---

① 与科普兰特-泰勒的一般均衡模型不同，由于哈里斯-托达罗模型中出现了失业，因此，简称为平均收入。

此外，为了简化式（5.41）和式（5.38）的制约式，对污染进行偏微分，式（5.35），式（5.40）可变换为如下：

$$dI / dz = G_z / N = \tau / N \qquad (5.42)$$

将式（5.42）和式（5.41）代入式（5.40），整理后可得

$$\tau = N \cdot \text{MD} \qquad (5.43)$$

而且，政府选择污染排放量，公司面临的污染排放价格等于总边际损害。式（5.43）[①]在进行国际贸易的时候也成立，这里，还没有考虑跨界污染，即使进行国际贸易，在国内，有效的污染政策，简单地可以把污染的外部性内部化，确保公司所面临的污染排放费用等于总边际损害。式（5.43）是简化版本的公共产品供给的萨缪尔森法则（Samuelson rule）。

回忆式（5.27）：

$$V(p, I, z) = v(I / \pi(p)) - h(z)$$

式（5.27）和实际收入 $R = I / \beta(p)$ 代入式（5.43）中，整理后可以得到以下方程：

$$\tau = N \cdot [-V_z / V_I] = N \cdot \frac{\pi(p)h'(z)}{v'(R)} = N \cdot \text{MD}(p, R, z) \qquad (5.44)$$

为了确保位似函数的性质，边际损害可以改写为实质收入、相对价格和污染排放的函数 $\text{MD}(p, R, z)$。然后，使用国民所得函数，取代实质收入函数，式（5.44）可被改写为

$$\tau = N \cdot \text{MD}\left(p, \frac{G(p, K, \beta L, z)}{N\pi(p)}, z \right) \qquad (5.45)$$

式（5.45）可以被认为是这个国家的一般均衡污染供给曲线（general equilibrium supply curve for pollution）。这表示国家所期望的污染排放量。污染供给曲线是向右上方倾斜的

---

① 详细的证明请咨询作者。

$$\frac{\mathrm{dMD}}{\mathrm{d}z} = \mathrm{MD}_z + \mathrm{MD}_R R_z$$
$$= \frac{\tau}{N}\left[\frac{h''}{h'} - \frac{\tau v''}{v'N\pi}\right] \geq 0 \tag{5.46}$$

其原因主要有两个：①$h(z,\mu)$ 是一个凸函数，如果实际收入一定，污染排放量的增加会增加边际损害。这是式中的第一项，它导致了非负的斜率。②v 是一个凹函数，v 的增加会导致实际收入的增加；污染排放量的增加，不但消耗环境资源，还导致环境资源变得稀缺。在上述等式中的第二项中可以表示出来，并且此项也导致了非负斜率。

5.8　调　整　均　衡

污染排放量的均衡水平是由公司的"污染需求"和基于可以承受的污染排放，消费者的期望"污染供给"的相互作用而确定的，即

$$G_z(p,K,\beta L,z) = N \cdot \mathrm{MD}\left(p, \frac{G(p,K,\beta L,z)}{N\pi(p)}, z\right) \tag{5.47}$$

发展中国家有效的污染排放量，在污染供给曲线和污染需求曲线的交点 z_0 处被确定。解释这种有效的污染水平有两种方法：

（1）政府征收污染排放税 τ_0，可以得到平衡污染排放量 z_0。

（2）如果政府可以确定最适的污染排放量 z_0，也可以逆向求导出均衡许可价格 τ_0。均衡既可以被解释为排放税，也可以被解释为污染限制系统（图5.3）。

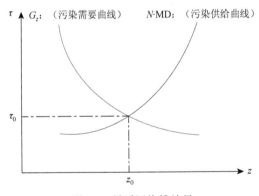

图5.3　最适污染排放量

科普兰特-泰勒模型与现在的研究的不同之处在于，污染排放量 z 的选择。此外，科普兰特-泰勒模型的构造中，"冲击"是如何对经济产生影响的也可以放到一个整体中进行分析，如贸易自由化等，可以通过边际污染减排费用（污染需求）或边际损害（污染供给）对污染排放量产生影响。借此优点，可揭示二元经济中"冲击"的影响。

5.9　环境政策与失业量

本节将揭示环境政策、污染排放量如何影响失业量。回顾 5.3 节导出的污染密度式（5.21）和污染排放量式（5.22）：

$$e \equiv \frac{z}{x} = \frac{\alpha p}{\tau} \leqslant 1 \qquad (5.21)$$

$$z = ex \qquad (5.22)$$

式（5.21）中，e 是 p/τ 的函数。此外，式（5.22）中因为 $x \equiv x(p, \tau, K, \beta L)$，式（5.22）等式可被重写为

$$z = e(p/\tau)x(p, \tau, K, \beta L) \qquad (5.48)$$

以下分别是失业量两种可能的变化：

（1）劳动力禀赋量增加，失业量增加，工业品的产出增加，污染排放量增加：因为 $\dfrac{\mathrm{d}L_u}{\mathrm{d}L} > 0$，得到 $\dfrac{\mathrm{d}x}{\mathrm{d}L_u} > 0$，因此，

$$\frac{\mathrm{d}z}{\mathrm{d}L} = \frac{\mathrm{d}z}{\mathrm{d}L_u} \cdot \frac{\mathrm{d}L_u}{\mathrm{d}L} = e\left(\frac{p}{\tau}\right)\frac{\mathrm{d}x}{\mathrm{d}L_u} \cdot \frac{\mathrm{d}L_u}{\mathrm{d}L} > 0 \qquad (5.48\text{a})$$

（2）劳动力禀赋量增加，失业量减少，因为工业品产量减少，污染排放量增加：

因为 $\dfrac{\mathrm{d}L_u}{\mathrm{d}L} < 0$，得到 $\dfrac{\mathrm{d}x}{\mathrm{d}L_u} < 0$，因此，

$$\frac{\mathrm{d}z}{\mathrm{d}L} = \frac{\mathrm{d}z}{\mathrm{d}L_u} \cdot \frac{\mathrm{d}L_u}{\mathrm{d}L} = e\left(\frac{p}{\tau}\right)\frac{\mathrm{d}x}{\mathrm{d}L_u} \cdot \frac{\mathrm{d}L_u}{\mathrm{d}L} > 0 \qquad (5.48\text{b})$$

　　为了明确城市部门失业量的增加[①]如何要求污染排放量变化，基于式（5.48a），式（5.48）中城市部门失业量 L_u 和污染排放量 z 的关系可以写为

$$\frac{\mathrm{d}z}{\mathrm{d}L_u} = e(p/\tau)\frac{\mathrm{d}x(p,\tau,K,\beta L)}{\mathrm{d}L_u} > 0 \qquad (5.49)$$

　　关于式（5.49）的正负性，利用汗型工资变量的性质进行解释说明。

　　城镇失业率 μ 外生给定的时候，由于 $\mu = L_u/L_x$，如果 L_u 增加一个单位，L_x 也增加一个单位。因此，产品 x 的产量也增加。

　　然后，$\mathrm{d}x/\mathrm{d}L_u > 0$，式（5.49）变为正。并且，$G_z$ 曲线向右上方向移动：均衡从点 E_0 移动到点 E_1。

　　污染排放量从 z_0 增加到 z_1；污染排放税从 τ_0 增加到 τ_1。同样，内生给予城市地区的失业率 μ 也成立。这是因为，通过本书中第 4 章证明的罗伯津斯基定理，由于产品价格和要素价格是固定的，$w_x/w_y = 1+\mu$ 没有改变。

　　现在，阐明城市失业量的增加要求污染排放税如何变化。回想一下，在第 8 节求导出来的污染供给函数式（5.45）。

$$\tau = N \cdot \mathrm{MD}\left(p, \frac{G(p,K,\beta L,z)}{N\pi(p)}, z\right)$$

　　如上所述，以小型开放经济为前提，为了阐明失业量的变化如何影响经济的"污染需求·污染供给"，假设产品价格由世界价格决定，在固定资本禀赋量、增加劳动禀赋量，失业量增加的情况下，依据第 4 章证明的 HTK 型经济的罗伯津斯基定理的其中之一，式（4.15），$\hat{X}(>0) > \hat{Y}(<0)$，假设工业品的价格比农产品高，尽管失业大量增加，国民所得还是增加。

　　根据上面推理的结果，污染排放税 τ 和失业量 L_u 的关系可被表示为

$$\frac{\mathrm{d}\tau}{\mathrm{d}L_u} = \frac{\mathrm{MD}'}{\pi(p)} \cdot \frac{\mathrm{d}G(p,K,\beta L,z)}{\mathrm{d}L_u} > 0 \qquad (5.50)$$

---

　　① 科普兰特-泰勒（2003）模型中，如果污染税是外生给定的，对经济注入新的外生资本，污染性的生产扩大，污染排放物增加；另外，如果注入新的劳动力，污染性生产缩小，污染排放量也减少。式（5.48a）和式（5.48b）的结果正好和科普兰特-泰勒（2003）的第 60 页的结果相反。本书第 4 章通过 HTK 模型中的罗伯津斯基定理，外生地给这个经济注入新的资本或者劳动，城市部门失业量增加、减少、不变的可能性都会发生。在本章中，考虑外生新劳动力的注入会导致失业量的增加。这里想弄清楚的是，增加的城市失业量如何影响污染排放量、环境税。结果，与科普兰特-泰勒（2003）模型的外部注入新的劳动力的结果是一致的。关于两式的计算可以先固定资本禀赋量、产品价格和要素价格，再使用在第 4 章证明的 HTK 型经济中的罗伯津斯基定理，并经济引入新的资本，城镇失业量增加、减少、不变情况下，然后确认污染排放量如何改变。

简单利用图 5.4 解释式（5.50）的"污染需求和污染供给"的变化。式（5.50）的符号是正的，污染供给曲线向左上角移动。因此，平衡点从 E_1 到移动 E_2。污染排放税进一步从 τ_1 提高到 τ_2；污染排放量从 z_1 减少到一定的水平 z_2（$z_0 < z_2 < z_1$）：为了确保式（5.49）的结果，污染供给曲线的移动幅度比污染需求曲线的移动幅度要小。最后，均衡 E_2 变为 (z_2, τ_2)。

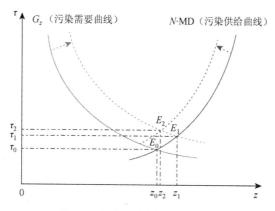

图 5.4　最优污染排放和失业量

在科普兰特-泰勒模型中，失业量增加时，污染需求曲线向右上方移动，均衡的污染排放税将从 τ_1 增加到 τ_2。因此，工业部门加大减少污染排放的力度，污染排放量从 z_1 减少到 z_2。式（5.49）和式（5.50）可以导出定理 5.1。

定理 5.1　失业量增加，工业产品的生产将增加。因此，污染排放量，污染排放税增加；污染排放税增加，工业部门的污染减排加大，即生产要素的投入增加，工业部门劳动雇佣量增加，即失业量增加的可能性较高。换句话说，在 HTK 型经济中，失业量一旦增加，环境税越高，失业量越高。

现在，明确城市工业品产出、国民所得、城镇失业量之间的关系。从式（5.49）和式（5.50）可以得到以下的式子：

$$\frac{\mathrm{d}x}{\mathrm{d}L_u} > 0 \tag{5.51}$$

$$\frac{\mathrm{d}G}{\mathrm{d}L_u} > 0 \tag{5.52}$$

因此，得到定理 5.2。

定理 5.2 城市部门失业量增加（减少），城市部门工业品产出、国民所得也因此增加（减少）。

在三种模型，汗型哈里斯-托达罗-科普兰特-泰勒模型（HTKCT）、科普兰特-泰勒模型（CT）、赫克歇尔-俄林-萨缪尔森模型（HOS）中比较城市工业产出和国民所得，得到定理 5.3。

定理 5.3[①] 如果在 HTKCT 模型中设定最低工资标准，HTKCT 模型只是一个 CT 模型。另外，在 CT 模型中的污染排放税足够缓和的话，CT 模型只是一个 HOS 模型。在 HTKCT 模型中，因为失业的存在，工业品的产出小于 CT 模型；在 CT 模型中，因为污染排放税的存在，工业品的产出小于 HOS 模型，即

$$x_{\text{HTKCT}} < x_{\text{CT}} < x_{\text{HOS}} \tag{5.53}$$

成立。x_{HTKCT}、x_{CT}、x_{HOS} 分别是 HTKCT 模型、CT 模型、HOS 模型中的工业产品的产出。因此，工业产品的价格可以表示为

$$p_{\text{HTKCT}}^x > p_{\text{CT}}^x > p_{\text{HOS}}^x \tag{5.54}$$

从式（5.53）和式（5.54）可知，三种模型中的国民所得有可能是 $G_{\text{HTKCT}} > G_{\text{CT}} > G_{\text{HOS}}$ 的关系。因此，定理 5.4 可由上述内容和定理 5.2 导出。

定理 5.4 如果城市-农村工资差距增加（减少），失业量增加（减少），工业品的价格增加（减少），国民收入也增加（减少）。

汗型哈里斯-托达罗模型（HTK）与科普兰特-泰勒模型（CT）之间的差异，就是用于衡量 HTK 工资变数的失业率 μ 和 CT 中用于污染减排的资源分配系数 θ 的"差"。然而，由于 CT 模型中的劳动力是充分就业，剔除失业问题后，两个模型产出的产品，参与国民所得的差依存于 μ 和 θ 之间的差异。

5.10 封闭经济

考虑价格的变动，在一个封闭的经济体中的间接效用函数可以写成如下等式[②]：

[①] 科普兰特-泰勒（2003）模型中，澄清了 CT 模型和 HOS 模型之间的关系，这里直接引用其结果。换言之，本书中明确了 HTK 和 CT 之间的关系。

[②] 式（5.55）~式（5.58），式（5.63）都是科普兰特-泰勒（2003）的原公式。

$$V(p^d, I, z) = v(I / \pi(p^d)) - h(z) \tag{5.55}$$

假设 Y 产品是标准产品，而 X 产品的国内相关价格为 p^d。实际收入为 $R = I / \pi(p^d)$，标准化的人口为 $N = 1$。式（5.55）的全微分为

$$\begin{aligned} \mathrm{d}V &= V_{p^d} \cdot \mathrm{d}p^d + V_I \cdot \mathrm{d}I + V_z \cdot \mathrm{d}z \\ &= V_I \left(\frac{V_{p^d}}{V_I} \mathrm{d}p^d + \mathrm{d}I + \frac{V_z}{V_I} \mathrm{d}z \right) \end{aligned} \tag{5.56}$$

式中，$V_I = v' / \pi > 0$ 是收入的边际效用。由于收入 $I = G(p^d, K, \beta L, z)$ 已被定义，则可得

$$\mathrm{d}I = x \cdot \mathrm{d}p^d + \tau \cdot \mathrm{d}z \tag{5.57}$$

利用式（5.57）、罗伊恒等式（Roy's identity）、边际损害的定义，式（5.56）可被重写为如下等式：

$$\frac{\mathrm{d}V}{V_I} = -m \cdot \mathrm{d}p^d + [\tau - \mathrm{MD}(p^d, R, z)] \mathrm{d}z \tag{5.58}$$

式中，$m = x^c - x$，被定义为 X 产品的净进口。

罗伊恒等式：（法国经济学家雷罗伊，René Roy）是在微观经济学中关于需求函数的结果之一，是企业和消费者选择的理论。该引理表明，普通的需求函数（马歇尔，Marshallian）和间接效用函数的偏微分相关联。特别是，$V(p, Y)$ 为间接效用函数，并且和产品 i 相关联的马歇尔需求可以用如下公式进行计算：

$$x_i^m = -\frac{\partial V / \partial p_i}{\partial V / \partial Y} \tag{5.59}$$

$$\frac{V_{p^d}}{V_I} = \frac{\partial V / \partial p_i}{\partial V / \partial Y} \tag{5.60}$$

整理 m 和 x 的关系，得到

$$-x_i^m + x = -m = -(x^c - x) = -x^c + x \tag{5.61}$$

最终得到

$$x_i^m = x^c \tag{5.62}$$

$$\mathrm{MD}(p^d, R, z) = -\frac{V_z}{V_I} \quad （定义）$$

整理后，得到下面的等式：

$$\frac{dV}{V_I} = -m \cdot dp^d + [\tau - \text{MD}(p^d, R, z)]dz \qquad (5.63)$$

因此，贸易自由化对福利有两个影响。式（5.63）的第一项 $(-m \cdot dp^d)$ 表示从标准贸易所得（gains-from-trade）。福利因污染变化的影响被解释为式（5.63）的第二项。

贸易所得的影响始终为正。本国进口 X 产品，$m > 0$，由于贸易自由化，国内 X 产品的价格降低，因此，$(-m \cdot dp^d) > 0$。另外，本国输出 X 产品时，$m < 0$，由于贸易自由化，国内 X 产品的价格上升。因此，$(-m \cdot dp^d) < 0$。这些都只是标准的结果。如果没有其他经济"失真"的情况下，在一个典型的经济中，自由贸易是提高福利的必要条件。这是因为自由贸易增加购买力，并且允许消费者消费更多的产品。

式（5.63）中的第二项显示了由自由贸易引发的污染变化是如何影响福利的。污染变化对福利的影响，是由"企业的一单位污染边际价值"和"居民的一单位污染边际损害"之间的差决定的。如果污染的政策过于宽松（$\tau < \text{MD}$），污染（$dz > 0$）只需增加一点儿，福利就会降低：即 $[\tau - \text{MD}(p^d, R, z)]dz < 0$。相反，企业的污染边际价值 τ，大于居民的边际损害 $\text{MD}(p^d, R, z)$，换言之，在污染排放政策严格的情况下，污染排放量的增加可以改善福利[①]。式（5.63）中的第二项的 $\tau - \text{MD}(p^d, R, z)$ 部分，正好是上述讨论的小型开放经济中的"污染供给·污染需求"的关系。因此，图 5.3 表示的最佳"污染供给·污染需求"在封闭经济下一样成立。

5.11　本章小结

本书首次在小型开放哈里斯-托达罗型经济中引入科普兰特-泰勒式污染排放系统。本章证明了"汗型哈里斯-托达罗模型"和"科普兰特-泰勒模型"能够良好地组合在一起。有一些理论与科普兰特-泰勒模型的结果得到了完全相反的结论。

---

① 听起来这个结论很奇怪，也仅仅限于自然环境的自我净化功能，才能够消化掉多排放出来的污染。如果多排放出来的污染物影响到了居民的身体健康和正常生活，那么，很难用价格衡量的福利自然会下降。

在作者构造的组合模型中，失业量[1]和"污染需求·污染供给"曲线的关系也得到了验证。本章主要有四个结论。

（1）如果失业量增加，工业产品的生产将增加。另外，污染排放量、污染排放税增加；如果污染排放税增加，工业部门减少污染治理的投入，换句话说，生产要素的投入增加，工业部门的劳动雇佣量增加，失业量增加的可能性变大，即在 HTK 型经济中，如果失业量增加，环境税越高，失业量就越高。

（2）如果城市部门的失业量增加（减少），城市部门工业品产量、国民所得增加（减少）。

（3）城市-农村工资差距增加（减少），失业量增加（减少），工业品的价格增加（减少），国民收入增加（减少）。然而，与科普兰特-泰勒模型原结果有相反的地方。

（4）揭示了 HTKCT 模型、CT 模型、HOS 模型之间的关系。如果在 HTKCT 模型中设定最低工资标准，HTKCT 模型只是一个 CT 模型。另外，CT 模型中的污染排放税足够缓和的话，CT 模型只是一个 HOS 模型。在 HTKCT 模型中，因为失业的存在，工业品的产出小于 CT 模型；在 CT 模型中，因为污染排放税的存在，工业品的产出小于 HOS 模型。

最后，发现在封闭经济中的污染供需曲线，与开放经济中曲线形状是相同的。

---

① 第 3 章中，城市失业率伴随污染税的增加而增加。代替城市失业率，本书验证了失业量增加和降低的情况。然而，本章的主要结果全与失业量相关。虽然，本书对失业率也进行了各种尝试，但得不到理想的结果。

第6章 环境政策与国际贸易

本章的目的是研究相对贫穷国家（发展中国家）和相对富裕国家（发达国家）之间的贸易行为是如何影响各国环境、失业率和福利的。

本章根据第 1 章所提到的环境经济学的角度分析发展中国家和发达国家之间的贸易关系。在科普兰特-泰勒模型中，讨论了各种关于污染避难（pollution haven）的研究。比较优势是造成国际贸易的因素之一。科普兰特-泰勒主要从环境污染视角探讨了四个方向：以污染政策的不同为比较优势的贸易模式，以要素禀赋的不同为比较优势的贸易模式，以污染政策和要素禀赋的差异不同为比较优势的贸易模式和以污染负荷为比较优势的贸易模式。分析了各种模式如何影响两国环境、收入，以及福利。但是，没有分析资本国际移动的影响。随着资金的国际流动，污染产业转移到资本-劳动比率较低的一个小国，这个国家工业部门的产出虽然增加了，环境也会变差。资本/劳动率高的国家所投入的资本大部分将返回到这个国家的资本所有者手中，如果省略其他影响因素，收入可能增加。另外，伴随着工业部门的产出降低，环境质量会逐渐变好。可以预想要素禀赋量的差异、资本的国际流动和上述四种情况得到了相反的结果。

但是，关于资本的国际流动的研究证明，一定程度的资本移动，有可能导致贸易停止。因此，本章不讨论资本国际流动。分析两国的环保政策、污染排放和失业之间的关系，最重要的是弄清楚两国间进行什么模式的贸易。

6.1 节在相同的环境政策下，阐明了要素禀赋存量的区别作为比较优势的贸易活动是如何影响两国的环境、失业和福利的。

6.2 节分析了国际贸易的各种影响，证明了汗型哈里斯-托达罗模型和科普兰特-泰勒模型的组合模型（HTKCT）的"要素价格均等化定理"。

6.3 节澄清了由国际贸易引发的各国的污染排放量、失业的变化。其结果是，在相同的环境政策下，如果只有不同的污染排放密度、要素禀赋量，自由贸易可以改善劳动密集型国家的城市部门失业率和失业量。相反，资本密集型国家的城市部门失业率、失业量增加。结果，这两个国家的城市失业率是相等的。同时，劳动密集型国家的污染需求（减少）向左下方移动，资本密集型国家的污染需求（增加）向右上方移动。

6.4 节分析了贸易对污染、福利的影响。

6.5 节揭示了外生的环境政策和要素禀赋量是如何影响污染排放和福利的。

6.1　要素禀赋量

首先回忆产品 x 和产品 y 的需求函数。消费者对两产品的偏好完全一致，都是位似效用函数（Homothetic utility function）。产品 x 的需求函数为 $b_x(p)I$，产品 y 的需求函数为 $b_y(p)I$。$b_i(p)$（$i = x, y$）取决于 $p(p \equiv p_x + p_y)$。和产品 y 有关的产品 x 需求并不取决于收入，可表示为如下等式：

$$RD(p) = \frac{b_x(p)}{b_y(p)} \tag{6.1}$$

式中，$RD'(p) < 0$。消费者的偏好在所有国家是相同的，相关曲线在每个国家也是相同的。图 6.1 显示了这种相关关系。

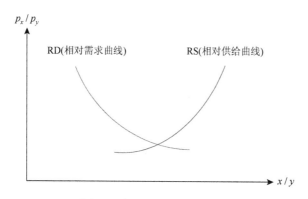

图 6.1　相对需求与相对供给

现在，定义相对供给曲线。可以如下表示哈里斯-托达罗型经济中的产品 x 和产品 y：

$$x = x(p, e, K, \beta L) \tag{6.2}$$

$$y = y(p, e, K, \beta L) \tag{6.3}$$

生产函数是规模报酬不变（constant return to scale），供给函数乘以 $K / \beta L$ 的函数。

$$x = \beta L x(p, e, K / \beta L, 1) \tag{6.4}$$

$$y = \beta L y(p, e, K / \beta L, 1) \tag{6.5}$$

和产品 y 相关联的产品 x 的供给函数定义如下：

$$RS(p, e, K / L) = \frac{x(p, e, K / \beta L, 1)}{y(p, e, K / \beta L, 1)} \tag{6.6}$$

由于相对供给函数 p 是增函数，$RS_p > 0$ 成立。这将意味着相对价格的增加 $\hat{p}_x > \hat{p}_y$。因此，如果污染物排放浓度和环境政策是一定的，工业品对于企业来讲具备生产的吸引力。由此可知，工业产品的产量增加，农产品的产量将减少，即 $RS_p > 0$ 成立。

为方便起见，将发达国家的雇佣设置为充分雇佣。在发达国家变量的右上角加星号（*）。因为不受最低工资的影响，发达国家产品的相对供给函数可以如下表示为

$$RS^*(p, e^*, K^* / \beta^* L^*) = \frac{x(p, e^*, K^* / \beta^* L^*, 1)}{y(p, e^*, K^* / \beta^* L^*, 1)} \tag{6.7}$$

假设 $e = e^*$，如果省略发展中国家最低工资的影响，对于相对供给函数来讲，只有要素禀赋量不同。发展中国家相对来说是劳动密集型的，发达国家相对来讲是资本密集型的：

$$\frac{K}{L} < \frac{K^*}{L^*}, \quad \text{且} \frac{K}{\beta L} < \frac{K^*}{\beta^* L^*} \tag{6.8}$$

污染政策被假定为常数，这里，由国际贸易理论中的罗伯津斯基定理（Rybczinski theorem）来决定相关的产出。借用式（6.8），发达国家是资本密集型的，如图 6.2 所示，发达国家的相关供给曲线在发展中国家的右侧。RS 是发展中国家的相对供给曲线，RS^* 是发达国家的相对供给曲线，RS^w 是在进行国家贸易活动时，世界全体的相对供给曲线。世界全体的相对供给曲线是发达国家和发展中国家的两个相对供给凸函数的合并。

由相对需求曲线，可知产品 x 的相对价格在封闭经济（autarky）下的相对价格，发展中国家的比发达国家的高。如果考虑最低工资制度的影响，发展中国家的产品 x 在封闭经济中的相对价格要更高。

$$p^A > p^{A^*} \tag{6.9}$$

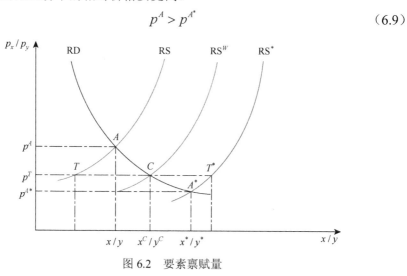

图 6.2　要素禀赋量

如果没有最低工资制度，本章的模型和科普兰特-泰勒模型一样，会变成标准的赫克歇尔-俄林模型。贸易由要素禀赋存量的差异而引发。如果资本不在两国间流动，那么发达国家和发展中国家就会开始进行贸易，世界的相对价格由点 C 决定。发达国家、发展中国家决定产品 x 和产品 y 的相对产量分别由 p^{A^*}、p^A 决定。如果消费率等于点 C，发达国家出口资本密集型产品 x。当自由贸易开始的时候，劳动密集型国家两种产品的生产从贸易前点 A 移动到点 T，劳动密集型产品 y 比贸易前生产的更多，因此，两种产品的相对供给比例下降。相对的，资本密集型国家的相对供给比率从点 A^* 移动到点 T^*，生产更多的 x 产品，相对供给比率上升。

6.2　要素价格均等化定理

本节在汗型哈里斯-托达罗模型与科普兰特-泰勒模型合并模型（HTKCT）的构造下，证明要素价格均等化定理[①]（factor-price equalization theorem）。两国分别

[①] 伊藤和大山，1985，《国际贸易》，请参看他们的著作第 87～106 页。

是劳动密集型国家（发展中国家）和资本密集型国家（发达国家）。为方便起见，这两个国家具有相同的生产技术。工业部门和农村部门的工资是由同一类型的汗（Khan，1980）型工资变量来定义的。

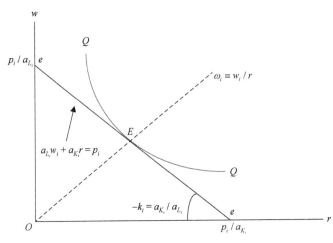

图 6.3　要素价格可能性边界

图 6.3 中，横轴是资本租金率，纵轴是劳动工资，在某给定产品 i（$i = x$, y）的价格 p_i 和资源分配（投入系数）a_{L_i} 及 a_{K_i} 已给出的时候，所有可能的要素价格 w 和 r 的组合是要素价格可能性边界，称之为 ee 线段。产业 i 中使用的所有可能的生产方法，要素价格所有的可取范围重合画出来后得到它的包络线，称为 QQ 曲线。QQ 曲线是产业 i 的要素价格可能性曲线，表示在给定产品 i 的价格的情况下，所有生产方法中的要素价格的可能性组合。换句话说，QQ 曲线上的每个点分别对应着生产要素分配的 a_{L_i} 和 a_{K_i} 值，即它表示该产品的生产技术。

根据不完全专业化生产，每个国家的生产要素市场的均衡点由两个产业的要素价格可能性曲线的交叉点给出。由于每个产业的要素价格可能性曲线的位置和形状是由它的生产技术和产品价格确定的，如果劳动密集型国家和资本密集型国家的同一产品的生产技术是相同的，每个产品的价格由于贸易在两国之间均等化，那么每个产业的要素价格可能性曲线在两国之间是相同的。其结果是，相同的生产技术，要素密集不扭转，产品在不完全的生产专业化下，各生产要素的价格将在两国之间均等化。

以上是一般 HOS 贸易的要素价格均等化定理。要素价格可能性曲线表示每个产品独立寻求劳动工资和资本租赁价格，因此，城市工业部门使用的劳动力的工资和农村农业部门雇佣的劳动的工资不冲突。结果和 HOS 贸易中所提到的要素价格均等化定理相同，在 HTKCT 中，两国的劳动工资被定义为和汗型工资变量一样的变量，即 $w_{A_i} = w_{B_i}$（A 表示劳动密集型国家；B 表示资本密集型国家；$i = x, y$），$r_A = r_B$。

当产品的自由贸易在 HTKCT 类型的两国之间产生时，两国各自城市部门将面临相同的失业率（$\mu_A = \mu_B$）。即便在汗（Khan，1980）型经济中，如果两国城市工资变量相同，没有产品的特化生产，也没有要素密集度的逆转，不仅要素价格均等化定理能够成立，城市部门的失业率也会均等化。

定理 6.1　在相同生产技术，相同城市工资变量，要素密集度不逆转，产品的生产不完全特化的情况下，汗型哈里斯-托达罗模型中要素价格均等化成立。城市部门的失业率也达到均等化。

6.3　国际贸易与失业率

如 6.2 节所描述的，假设这两个国家的消费者，对两个产品的相对需求并不取决于收入，自由贸易开始后，相对需求曲线 RD 对于两个国家是相同的，并且因为它不会改变，只需分析相对供给曲线的变化。

图 6.4（a）和（b）中右边一半和图 6.2 的相同，显示了由于自由贸易两国产品的相对供给曲线的运动轨迹。左半部分依据在 6.2 节证明的 HTKCT 的要素价格均等化定理，代表两国城市部门的失业率变化。然而，根据在第 4 章中证明的 HTK 型经济的斯托尔珀-萨缪尔森定理，城市失业率在产品价格发生变化的时候，有两种可能性。例如，在资本密集型产品的价格上涨幅度高于劳动密集型产品价格上涨幅度的情况下，城市部门劳动工资和农村部门劳动工资的变化率分别表示为式（4.28b）和式（4.28c）。

由 HTKCT 要素价格均等化定理可知，自由贸易开始后，劳动密集型国家（发展中国家）的城市部门失业率伴随相对价格的下降而下降（从点 M 移

动到点 E）[①]，资本密集型国家（发达国家）城市部门的失业率随着相对价格的上升而上升（从点 N 移动到点 E）。

因此，相同的环境政策、同样的污染排放密度，如果只有要素禀赋量不同，自由贸易可以改善劳动力密集型国家的城镇失业率，相反，会增加资本密集型国家的城市失业率。结果，这两个国家的城市失业率为 $\mu = \mu^* = \mu^W$。

同时，劳动密集型国家污染需求（减少）向左下方移动，资本密集型国家污染需求（增加）向右上方移动 [图 6.4（a）]。

此外，基于 HTKCT 的要素价格均等化定理，自由贸易开始后，劳动密集型国家（发展中国家）城市部门失业率伴随相对价格的下降而上升（从点 M 移动到点 E），资本密集型国家（发达国家）城市部门失业率随着相对价格的上涨而下降（从点 N 移动到点 E）。

因此，相同的环境政策、污染排放密度，如果只有要素禀赋量是不同的，自由贸易会不断恶化劳动密集型国家的城市失业率。相反，会改善资本密集型国家的城市失业率。结果，这两个国家的城市失业率最终相等，并等于世界城市失业率 $\mu = \mu^* = \mu^W$。

但是，同时，劳动密集型国家的污染需求（减少）向左下方移动，资本密集型国家的污染需求（增加）向右上方移动 [图 6.4（b）]。

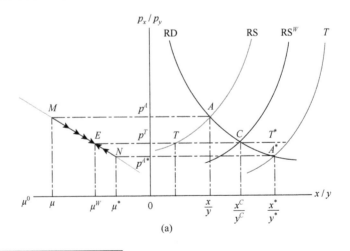

(a)

---

① 图 6.4（a）和（b）中的 ME 线和 NF 线在 E 点会合，停止在世界的失业率，即 ME 线和 NF 线变成一条直线 MEN 线。但是，MEN 线可以是折线（折点 E）。

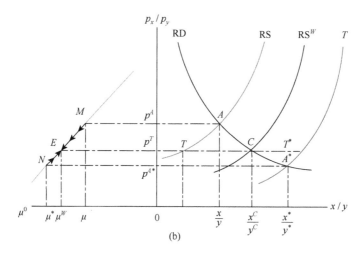

图 6.4　产品价格、产量、城市失业率

定理 6.2　相同外生的环境政策、同样的污染排放密度、不同的要素禀赋量，增加相对价格，如果城市部门失业率增加（减少），自由贸易能改善（恶化）劳动密集型国家的城市失业率。另外，会恶化（改善）资本密集型国家的城市部门的失业率。结果，两国的城市失业率趋于相同值。同时，劳动密集型国家的污染需求（减少）向左下方移动，资本密集型国家污染需求（增加）向右上方移动。

6.4　贸易对环境污染与社会福利的影响

同样的环境政策、污染排放密度、污染减排技术、不同的要素禀赋量，国内资本不在部门间移动的假设条件下，资本密集型国家（发达国家）的资本密集型产品的产出被扩大。因此，资本密集型国家的国内污染也增加。贸易减少劳动密集型国家（发展中国家）的资本密集型产品的产出，以减少该国的污染。从收入的好处或坏处的视角来看，对于这两个国家，贸易开始后，在某些方面得到好处，也有损失的情况。下文中，通过使用间接消费者的效用函数来阐明贸易所带来的利益和损害。

间接消费者的效用函数式（5.27）的全微分为

$$\frac{dV}{V_1} = -mdp + [\tau - MD(p, R, z)]dz \qquad (6.10)$$

因为式（6.10）为正、负的可能性都有。m 是产品 x 的进口量。资本密集型国家（发达国家）和劳动密集型国家（发展中国家）均可以比封闭经济时消耗更多产品，贸易所得效果（$-mdp$）大于零。

但是，对于资本密集型的国家，为了生产更多的工业产品，会导致环境质量变差（$[\tau - MD(p, R, z)]dz < 0$）。相对来说，劳动密集型国家，与资本密集型国家相比，要生产更多的农产品，所以环境质量也会更好（$[\tau - MD(p, R, z)]dz > 0$）。另外，从失业的角度可以看出，对于资本密集型国家，贸易开始的时候城市部门失业量、失业率同时增加，劳动密集型国家城市部门的失业量、失业率同时减少。

由以上结果可知，对于资本密集型国家，自由贸易会损害本国环境，使失业增加，似乎对劳动密集型国家只有好处。事实上，没那么简单得出结论。例如，如果资本可以在国与国间自由流动，资本密集型国家的资本租金率比劳动密集型国家要高，资本的一部分，从资本密集型国家转移到劳动密集型国家，劳动密集型国家比贸易前能够生产出更多的资本集约型产品。同时，也增加了国内污染排放。然而，从资本密集型国家转移过来的资本的租金率返回到资本密集型国家。资本密集型国家的资本密集型产品的生产减少，也减少了污染排放量。与资本不移动产生完全相反的效果。

6.5 外生环境政策、要素禀赋量、污染排放密度、失业率

资本密集型国家中的环保政策如果变得很严格的话，一部分污染性产业会转移到劳动密集型国家，劳动密集型国家的污染性产业的产出增加，环境会变得更差。图 6.5 显示了资本密集型国家与劳动密集型国家不同的污染排放密度，以及污染政策的情况。

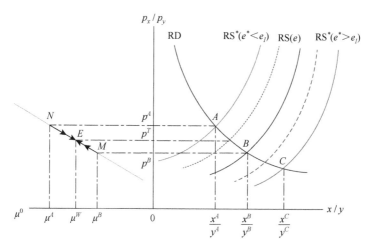

图 6.5　相关供给·需求和污染排放密度

如果资本密集型国家的污染排放密度等于劳动密集型国家的污染排放密度，资本密集型国家的相对供给曲线应该在劳动密集型国家的右侧；如果资本密集型国家的污染物排放密度比在劳动密集型国家的污染排放密度低，资本密集型国家的相对供给曲线位于劳动密集型国家的左侧。关于此，严格的论证请参照式（6.11）～式（6.14）：

$$e_I = e_I(K / \beta L, K^* / \beta^* L^*, e) \tag{6.11}$$

$$\mathrm{RS}^*(p^B, e_I, K^* / \beta^* L^*) = \mathrm{RS}(p^B, e, K / \beta L) \tag{6.12}$$

如果 $e^* > e_I$，则 $\mathrm{RS}^* > \mathrm{RS}$。

如果 $e^* < e_I$，则 $RS^* < \mathrm{RS}$。

RS 是 e 的单调函数。$e^* = e_I$ 是可以将资本密集型国家的相对供给曲线和劳动密集型国家的相对供给曲线能在同一条曲线上表示的污染排放密度函数，即 e_I 是满足式（6.12）的污染物排放密度函数。

当资本密集型国家的污染排放密度比劳动密集型国家的高，并且污染政策比劳动密集型国家严格的时候，资本密集型国家不出口工业产品，进口工业产品的动机变得强烈。

当相对价格上涨时，如果城市部门失业率增加，自由贸易开始后，资本密集型国家相对生产更多农业产品，城市失业率从点 μ^A 减少到点 μ^W，污染排放量也降低。相对来说，劳动密集型国家生产更多的工业产品，城市失业率从点 μ^B 上升到点 μ^W，污染排放量也增加了。

在这种情况下，对于劳动密集型国家来讲，自由贸易开始后只有损害。换句话说，自由贸易开始后，对哪个国家有利，对哪个国家不利，很难一目了然地得出结果。必须要分析各种因素的影响。

定理 6.3　假设相同外生的环境政策、不同的污染排放密度、不同的污染减排技术、不同的要素禀赋量、国内资本不在部门间移动，资本密集型国家（发达国家）的资本集约型产品的生产扩大。因此，资本密集型国家的国内污染增加。贸易行为减少劳动密集型国家（发展中国家）的资本集约型产品的生产，以减少该国的污染。当相对物价上涨时，如果城市部门的失业率增加（减少），资本密集型国家的城市部门失业率下降（上升），劳动密集型国家的城市化率增加（减少）。

6.6　本　章　小　结

6.1 节分析了在相同环境政策的设定下，要素禀赋量的不同作为比较优势的贸易活动如何影响两国的环境、失业、福利。

6.2 节，为了分析国际贸易的各种影响，证明了汗型哈里斯-托达罗模型和科普兰特-泰勒模型的组合模型（HTKCT）的要素价格均等化定理依旧成立。

6.3 节揭示了由国际贸易引发的每个国家的污染排放量和失业的变化。作为结果，相同外生的环境政策、同样的污染排放密度、不同的要素禀赋量，增加相对价格，如果城市部门失业率增加（减少），自由贸易能改善（恶化）劳动密集型国家的城市失业率。另外，会恶化（改善）资本密集型国家的城市部门的失业率。结果，两国的城市失业率趋于相同值。同时，劳动密集型国家的污染需求向左下方移动（即减少），资本密集型国家污染需求向右上方移动（即增加）。

6.4 节解释了贸易对污染排放和福利的影响。

6.5 节分析了外生环境政策和要素禀赋量是如何对污染排放、福利产生影响的。得到定理 6.3，假设相同外生的环境政策、不同的污染排放密度、不同的污染减排技术、不同的要素禀赋量、国内资本不在部门间移动，资本密集型国家（发达国家）的资本集约型产品的生产扩大。因此，资本密集型国家的国内污染增加。贸易行为减少劳动密集型国家（发展中国家）的资本集约型产品的生产，以减少该国的污染。当相对物价上涨时，如果城市部门的失业率增加（减少），资本密集型国家的城市部门失业率下降（上升），劳动密集国家的城市化率增加（减少）。

第 7 章　对外开放环境效应的一般分析

7.1　开放环境效应回归模型的建立

经济活动对环境的影响是通过规模、结构和技术三种效应的共同作用来体现的，通过文献研究，作者认为我国目前的情形下，仅这三种效应是不够的，因此将政府的环境管制引入模型，将其看成经济活动影响环境的"第四效应"，以进一步研究政府的环境规制在对外开放环境效应中所起的作用，并考察不同地区的政府环境规制作用是否有所差异。

7.1.1　原始模型的建立

根据格鲁斯曼和克鲁格（Grossman and Kruger，1991）首次提出的规模、结构和技术三种效应这一理论，建立如下原始回归计量模型：

$$\mathrm{Plu}_{it} = \alpha_1 \mathrm{open}_{it} + \alpha_2 \mathrm{pgdp}_{it} + \alpha_3 (\mathrm{pgdp}_{it})^2 + \alpha_4 \mathrm{str}_{it} + \alpha_5 \mathrm{tec}_{it} + \beta_i + \beta_t + \mu_{it} \quad （7.1）$$

式中，下标 i，t 分别是 i 省份在第 t 年对应的变量；β_i 是只与地区有关而与时间没有关系的因素，即地区固定效应；β_t 是只与时间有关而与地区没有关系的因素，即时间固定效应；μ_{it} 是随机误差项。

7.1.2　模型的修正

考虑本书主要是从政府的角度对开放的环境效应进行分析，对上述模型进行修正，引入政府环境规制的作用，得到如下的计量模型：

$$\ln \mathrm{Plu}_{it} = \alpha_{10} + \alpha_{11} \mathrm{open}_{it} + \alpha_{12} \sum X_i \\ + \alpha_{13} \mathrm{GOV}_{it} + \alpha_{14} \mathrm{open}_{it} \mathrm{GOV}_{it} + \beta_i + \beta_t + \mu_{it} \quad （7.2）$$

式中，X_i 包含了规模、结构和技术三种效应；GOV 表示政府的环境规制，这里需要说明的是，模型中的政府环境规制除了包含常规的支出型政府监管，即污染治理支出外，也加入收入型政府监管，即资源税，从而可以更全面地反映政府环境规制的作用。由中国统计年鉴可知，污染治理支出有以下来源：政府预算财政支出、企业自筹、排污费补助和银行贷款等，其中，前两者占据了大部分。

7.2　变量的选择与统计分析

7.2.1　变量的选择

下面对计量模型中的主要解释变量进行说明和计算。

被解释变量 Plu：国内环境污染的情况。针对环境污染这一指标，近年来的研究中不同学者采取了不同的设定方法，并且在环境综合指标的设定上也没有统一的方法，因此，本书只考虑我国的碳排放量情况，对我国近年来的碳排放量进行计算，计算方法采取目前学者最常用的估算方法，主要有徐国泉等（2006）、杨树旺等（2012），具体公式如下：

$$TC = \sum_{i=1}^{n} C_i = \sum_{i=1}^{n} \theta_i F_i E \qquad (7.3)$$

式中，i 是与碳排放有关的能源种类，目前我国的能源种类繁多，但与碳排放最为密切的是煤、石油和天然气，其余能源如水电、风电等（一方面其占能源消费总量的比重很小，另一方面，碳排放量相对于上述三种能源也很少，因此可以忽略不计），即 i 仅表示煤、石油和天然气。其中，TC 是这三种能源消耗过程中碳排放总量；C_i 是能源 i 所排放出来的碳的总量；E 是能源消费总量；F_i 是对应能源 i 的碳排放系数，本书中碳排放系数的确定采用杨树旺等（2012）的做法，综合美国能源部、日本能源经济研究所、中华人民共和国国家科学技术委员会气候变化项目组及国家发展和改革委员会能源研究所测定的碳排放系数，并求三者的平均值，以更准确反映碳排放量，依次将煤、石油和天然气的排放系数取为 0.7329、0.5574 和 0.4226；θ_i 是能源 i 的消费量/能源消费总量，从而可以计算出 2004～2012 年我国各省的碳排放量。

主要解释变量包含：对外开放，本书依次对外商直接投资、进口和出口进行分析，外商直接投资采用各省对应年份的实际利用外商直接投资额衡量，进出口分别用进出口额衡量，由于其单位均为美元，因此作乘以对应年份的汇率处理，不同年份的汇率值见表 7.1，将单位转换成元，同时为了避免地区之间的规模差异影响和不同平减指标导致的平减差异，本书将三者依次除以当地当年的 GDP 处理。

表 7.1　1 美元对应的人民币汇率

年份	2004	2005	2006	2007	2008	2009	2010	2011	2012
汇率	8.2768	8.1917	7.9718	7.604	6.9451	6.831	6.7695	6.4588	6.3125

数据来源：《中国国家统计年鉴》（2013 年）。

规模效应：本书主要用当地的经济发展水平来表示，即人均 GDP（pgdp），并引入人均 GDP 的平方项（pgdp^2），这样设置的目的一方面是衡量当地的生产规模，另一方面判断库兹涅茨倒 U 形曲线是否适用于我国。另外，为了消除不同年份价格变化的影响，本书以所选数据的初试年份，即 2004 年为基期，选取人均GDP 指数来对该变量进行平减操作，得到对应的人均实际 GDP 值。

结构效应，本书主要用产业结构来衡量，目前大多数学者往往采用第二产业生产总值在国内生产总值中的比重来衡量产业结果，但随着行业的多样化发展，这一做法在反映产业结构上存在一定缺陷，考虑本书是考察与污染有关的产业结构，因此借鉴张宇（2014）的思想，把与污染有关的产业结构指数设定为

$$\text{Str}_{it} = \frac{Y_{i,t}}{\sum_{j=1}^{J}(\omega_{A,0}^{j} Y_{i,t}^{j} / Y_{A,0}^{j})} \tag{7.4}$$

式中，$Y_{i,t}$ 是 i 省在 t 年的总产值，$\omega_{A,0}^{j}$ 是产业 j 在基期消耗的与碳排放量有关的能源总量；$Y_{i,t}^{j}$ 是 t 年，i 地区产业 j 的总产值；$Y_{A,0}^{j}$ 是产业 j 在基期的全国总产值，该方法实际上以各产业与碳排放有关的能源消耗为权重进行加总，值越高，产业结构越完善。

技术效应 tec：本书用政府财政支出中科技支出份额比上对应 GDP 得到的值来衡量。

政府环境规制：为了能更全面地体现政府管制的作用，本书的环境规制除了包含支出型——污染治理支出型政府监管外，也加入了收入型——税收收入型政府监管，也就是说，本书的政府环境规制有两部分，一部分是工业污染治理投资完成额 ipc，一部分是资源税 res，均做除以对应 GDP 的处理。

具体变量解释与处理方法汇总到表 7.2。

表 7.2　变量的设定与处理

变量名称	变量代码	处理方法
碳排放量	Plu	公式估算
外商直接投资	fdi	外商实际投资额×汇率/GDP
进口	imp	进口额×汇率/GDP
出口	exp	出口额×汇率/GDP
规模效应	gdp	以人均 GDP 指数进行平减
结构效应	str	公式估算
技术效应	tec	科技支出额/GDP
支出型政府环境规制	ipc	工业污染治理投资完成额/GDP
收入型政府环境监管	res	资源税/GDP

7.2.2　数据来源

除产业结构指数这一变量外，本书对其余变量均做了取对数处理，目的是消除变量异方差对实证结果的影响，并且保证解释变量的回归系数不致波动过大。数据的来源主要有各省的中国经济与社会发展统计数据库、EPS 全球数据库和《中国统计年鉴》，对于部分缺失的数据，本书在各地统计年鉴中进行查找补充，其中需要特别指出的有：西藏数据缺失严重，因此本书的分析暂时不包括西藏；另外，上海资源税数据缺失，本书采用的是将与上海最相邻的两个省——浙江和江苏的资源税在财政收入中的比例加总求均值，来近似估计上海资源税在财政收入中的比例，以此来表示上海的收入型政府环境监管。

7.2.3　变量的统计分析

下面对变量进行描述性统计，以观察各变量内部之间的变化和差异，由于篇幅限制，本节仅列 2004 年、2008 年和 2012 年三年各省碳排放量和产业结构指数的数据，具体见表 7.3。

表 7.3　各省碳排放量和产业结构指数的估算值

省份	2004 年		2008 年		2012 年	
	碳排放量/万吨	产业结构指数	碳排放量/万吨	产业结构指数	碳排放量/万吨	产业结构指数
北京	3097.59	0.85	3517.76	1.05	3439.50	1.12
天津	3114.20	0.67	3730.41	0.62	5402.54	0.69
河北	12329.47	0.69	18756.80	0.68	24615.20	0.69
山西	13874.47	0.63	17113.28	0.61	20896.29	0.66
内蒙古	6857.41	0.73	13678.32	0.67	21385.02	0.66
辽宁	11673.53	0.74	15825.56	0.66	19791.97	0.68
吉林	4061.30	0.76	5941.90	0.74	7671.90	0.68
黑龙江	5979.23	0.63	8195.37	0.69	10430.17	0.78
上海	5744.16	0.69	6567.53	0.75	7239.17	0.83
江苏	10000.43	0.65	15475.13	0.66	21188.96	0.71
浙江	6950.59	0.67	10407.85	0.67	11907.81	0.71
安徽	5050.75	0.78	7294.53	0.76	9530.29	0.67
福建	2956.14	0.73	4675.16	0.71	6900.61	0.69
江西	2873.55	0.77	3822.44	0.69	5151.82	0.68
河南	9518.8	0.71	14911.62	0.65	16900.92	0.66
湖北	5848.99	0.75	7908.95	0.79	11117.94	0.71
湖南	4402.97	0.85	7090.07	0.79	8696.08	0.74
广东	9235.06	0.66	12918.85	0.69	16578.31	0.72
广西	2432.12	0.87	3434.75	0.81	6242.91	0.74
海南	495.45	1.21	1214.45	1.04	1729.14	1.06
重庆	2007.98	0.78	3543.45	0.74	4715.46	0.69
四川	5773.26	0.83	7930.27	0.76	9611.53	0.7
贵州	4547.93	0.78	5734.62	0.81	7683.46	0.84
云南	4037.95	0.79	5604.26	0.8	6912.96	0.8
陕西	4126.85	0.73	7152.99	0.66	11711.12	0.66
甘肃	3188.42	0.74	4187.36	0.76	5485.2	0.76
青海	569.26	0.73	1068	0.67	1522.12	0.64
宁夏	1774.76	0.7	2706.29	0.69	5043.25	0.72
新疆	3569.05	0.77	5602.02	0.72	10060.11	0.76

数据来源：根据式（7.3）和式（7.4）计算求得。西藏和港澳台资料暂缺。

　　通过对上边估算结果的观察发现，近年来各省的碳排放量都在增加，相比 2004 年，2012 年部分地区碳排放量的增幅已超过 200%，例如内蒙古和海南等，分别达到 211% 和 249%，即使是增幅最小的北京和上海也分别达到 11% 和 26%，其他地区的增幅则均介于 50%～200%，这足以说明在这段时间内，我国碳排放量的变化趋势，表明我国的环境遭受着前所未有的破坏，环境治理已经迫在眉睫。另外，观察与污染有关的产业结构指数发现，北京和海南的产业结构明显优于其他地区，相比 2004 年，2012 年的产业结构指数除了河北没有变化外，其他地区的产业结构都有不同程度的波动，其中增长最多的是北京、上海等地，减少最多的则是海南、湖南等地，虽然海南的产业结构指数近年来有下降趋势，但不得不承认其产业结构还是明显优于其他地区的；另一显著特征是，东部沿海发达省份及极少数的中西部省份的产业结构表现出优化的趋势，这也在一定程度上反映了产业结构变化趋势的地域性，并与当地的经济发展状况有着密切关系。

　　下面对本书几个重要变量进行描述性统计分析，以观察变量内部的变化情况，具体结果见表 7.4。

表 7.4　变量的描述性统计

变量	最大值	最小值	平均值	标准差
碳排放量/万吨	32348.40	414.96	8510.75	4923.25
实际人均 GDP/元	96070.72	4215.00	22821.96	10009.46
外商直接投资	819.14	6.83	259.25	273.52
进口	133.84	1.01	17.07	68.01
出口	90.53	1.48	17.81	8.36
产业机构	1.21	0.61	0.74	0.06
科技支出/亿元	143.10	3.13	25.51	15.63
资源税/亿元	98.35	0.21	13.64	65.05
工业污染治理支出/亿元	99.00	0.67	17.39	1.86

数据来源：中国经济与社会发展统计数据库、EPS 全球数据库和《中国统计年鉴》(2005～2013 年)，并由 Excel 整理所得。

7.3　回归结果的分析

对式（7.2）进行实证回归，以观察政府环境规制的直接作用，鉴于本书采用的是面板数据，为了确定回归模型是采用固定效应还是随机效应模型，在回归之前，先做豪斯曼检验，如果 p 值小于 0.1，即拒绝原假设，则表明应该采用固定效应模型，否则采用随机效应模型，为了便于观察，本书将豪斯曼检验结果汇总到每项回归结果的下方。同时考虑我国内部的地域差异，可能存在政府环境规制的区域异质性，因此除了在全国层面进行分析外，还在东、中、西三个区域进行单独回归，以观察不同区域政府作用的差别。东、中、西部的划分采用现在最常用的划分方法，即东部包含北京、天津、河北、辽宁、上海、江苏、浙江、福建、山东、广东、海南等 11 个省份，中部包含山西、吉林、黑龙江、河南、安徽、湖北、江西、湖南等 8 个省份，西部包含重庆、四川、贵州、云南、陕西、甘肃、青海、宁夏、新疆、广西、内蒙古等 11 个省份（不含西藏和港澳台）。

7.3.1　外资环境效应的回归结果分析

对外商直接投资的环境效应进行了分析，具体结果列于表 7.5 中。首先对各模型进行说明，模型 1 是仅考虑规模、结构和技术效应的回归结果，为了比较不同环境规制的不同作用，模型 2 在考虑规模、结构和技术效应的基础上，引入税收收入型政府环境规制的回归结果，模型 3 则在考虑规模、结构和技术效应的基础上，加入治理支出型政府环境规制的回归结果，模型 4 是将两种环境规制同时引入模型的回归结果，对模型 4 的豪斯曼检验结果显示，拒绝原假设，即应采用随机效应模型，为了对比，本书还采用了固定效应模型的回归结果报告在模型 5 中，模型 1~5 都是在全国层面上的回归，而表 7.5 中的后三列则分别是对东、中、西三个区域的回归结果。

表 7.5　外资环境效应的回归结果

	模型 1	模型 2	模型 3	模型 4	模型 5	东部	中部	西部
	FE	RE	FE	RE	FE	FE	FE	FE
lnfdi	0.310**	0.458***	0.215*	0.326**	0.330**	0.0251	−0.290	0.0843
	(0.011)	(0.001)	(0.099)	(0.018)	(0.017)	(0.937)	(0.298)	(0.739)
lngdp	0.703***	0.600***	0.727***	0.625***	0.635***	1.263***	0.782***	0.583***
	(0.000)	(0.000)	(0.000)	(0.000)	(0.000)	(0.000)	(0.000)	(0.000)
lngdplngdp	−0.00171	0.0314	0.0218	0.0482	0.0503*	−0.212***	−0.122*	0.164***
	(0.954)	(0.308)	(0.450)	(0.109)	(0.096)	(0.002)	(0.075)	(0.002)
lnres		0.223***		0.191**	0.205**	0.108	0.373**	−0.0673
		(0.006)		(0.016)	(0.010)	(0.688)	(0.023)	(0.556)
lnfdilnres		−0.0295**		−0.0241*	−0.0284*	−0.0248	−0.0635**	0.0439*
		(0.049)		(0.100)	(0.054)	(0.556)	(0.038)	(0.069)
lnipc			−0.0990	−0.121	−0.120	−0.0919	−0.336**	−0.202**
			(0.193)	(0.108)	(0.111)	(0.739)	(0.027)	(0.045)
lnfdilnipc			0.0274**	0.0301**	0.0300**	0.0202	0.0715**	0.0477**
			(0.044)	(0.025)	(0.026)	(0.653)	(0.012)	(0.020)
_cons	7.222***	6.370***	7.516***	6.900***	6.839***	8.211***	10.13***	7.603***
	(0.000)	(0.000)	(0.000)	(0.000)	(0.000)	(0.000)	(0.000)	(0.000)
结构效应	是	是	是	是	是	是	是	是
技术效应	是	是	是	是	是	是	是	是
N	270	270	270	270	270	99	72	99
R-sq	0.862		0.873		0.878	0.904	0.961	0.919
Huasman Chi2	15.94	15.29	16.08		15.38	84.35	58.73	85.08
Prob＞Chi2	0.0432	0.1219	0.0974		0.2211	0.0000	0.0000	0.0000

注：FE 表示固定效应；RE 表示随机效应；括号内为 p 值；

*、**、***分别表示变量在 1%、5%、10%的水平下显著，下表相同。

　　下面对结果进行分析：先整体观察模型 1～4，模型 1 的回归结果显示，在只考虑规模、结构和技术三种效应的基础上，外资的引进显著促进了我国的碳排放量，表明外资引进时，三种效应共同作用的结果加重了我国的污染情况；模型 2～4 是考虑三种效应和政府效应共同作用的回归结果，发现不论政府采取何种形式的环境规制，外资对环境的显著正向影响都还存在。

　　其次，重点分析政府环境规制与 FDI 交互项的回归系数，主要有 lnfdilnres 和 lnfdilnipc 的系数。就全国来说，lnfdilnres 的系数至少在 10%的水平上显著为负，这代表两层含义：首先，对于外资的引进，当外资的引进额不变时，资源税的征收力度越大，减少碳排放量越明显；其次，也可以理解为，资源税的征收对引进的外资冲击越大，进入高污产业的外资越少，同样可以起到减少碳排放量的作用，综合两方面不难发现，对全国征收资源税能显著减少碳排放量，即收入型政府环境管制在全国层面的作用显著。lnfdilnipc 均在5%的水平上显著为正，这表明政府污染治理投资完成额与碳排放量之间存在显著的正向关系，即污染治理投资越多，越会促进碳排放量，即支出型政府环境管制在全国层面的作用也显著。这两方面说明，就全国来说，政府环境管制不管是收入还是支出，在外资的环境效应中都起到了直接作用，但是作用效果是相反的，征收资源税有利，污染治理支出正好相反。接下来对区域进行分析，在区域层面，lnfdi 的系数均不显著，表明当存在政府环境规制时，各区域外资的环境效应明显减弱，具体的影响机制表现为：外资引进时，征收相应的资源税，能促进西部的碳排放量，但是对中部起到了抑制作用，在东部虽然有抑制作用，但是并不显著；污染治理支出对东、中、西部的碳排放量都有促进作用，但是仅在中西部显著，也就是说在中西部，政府环境规制的直接作用显著存在。

具体原因可以解释为：政府征收资源税时，由于东、中部的经济发展相对来说更好一些，在面对需要自身输出的资源税时，可以利用自身经济条件，更好地在经济利益与资源税成本中做出平衡选择，从而使自身生产成本最小化，但是对西部来说，经济发展水平不及东、中部，在面对资源税时，企业仍然希望能够通过外资的流入，来换取经济的快速发展，即使需要承担部分税收支出，但企业认为，外资带来的经济发展足可以弥补资源税的支出，税收的增加进而带来外资流入的增加，直接后果就是即使不断征收资源税，环境问题仍在进一步恶化。对于政府支出治理环境，支出部分主要来源于政府财政预算和企业自筹，在有政府财政作保障的前提下，企业会认为对自身利益影响不大，因而并不会对污染排放量采取有效的措施，以环境来换取经济的短暂快速发展。另外，这也可以理解为：即使有政府和企业的双重努力，但政府污染治理在一定程度上给环境带来的正效应还是小于外资引起的负面效应，并且差距有加大的趋势，两方面原因都直接导致了政府污染治理支出的效果不尽人意。

总之，就全国来说，征收资源税会抑制外资引起的碳排放量，而污染治理支出则会促进外资引起的碳排放量；就区域来说，征收资源税会抑制中部外资引进的碳排放量，促进西部外资引起的碳排放量；政府污染治理则均表现为促进作用。

另外，在不同模型实证回归结果中，人均实际 GDP 及其平方的系数也不相同，在东、中部表现出一正一负，即东、中部的经济发展满足库兹涅茨倒 U 形曲线，但是在西部则表现出两正，图像满足的是 U 形曲线，这也体现出了我国不同区域发展的差距。

最后对模型的稳健性进行分析说明，观察表 4.5 中的 1～5 模型，对比五列回归结果不难发现，虽然不同模型中的解释变量发生了变动，但其余保持在模型中的解释变量的正负、大小及回归系数的显著性变化都不大。同时，对比固定效应和随机效应方法的结果也可以发现，差异并不是很大。因此，认为本书选择的模型在误差范围内是稳定的，也就是说，本章的回归结果具有一定的参考价值。

7.3.2 进出口环境效应的回归分析

下面分别对进口和出口进行同样的回归分析，具体结果分别列于表 7.6 和表 7.7 中，模型建立和回归的方法与外商直接投资相类似，这里不再赘述，仅对回归结果进行简要分析。

首先是对进口的分析，结果列于表 7.6 中。整体观察模型 1～4，在仅考察规模、结构和技术效应的模型 1 中，进口的系数并不显著，表明对于进口，三种效应合力的结果使得进口并没有显著影响我国的环境问题；模型 2～5 加入政府环境规制以后，发现不管是何种形式的政府管制，进口的系数均不显著，表明进口对我国的环境问题没有显著影响；分区域的结果得到了同样的结果；三种结果都表明进口的环境效应在我国还没有体现出来，最大的原因可能是目前我国进口的商品中，污染密集型商品的比重较低，更多的是对国外先进科学技术的引进和创新，同时也侧面反映了我国"污染避难所"效应存在的可能性，即发达国家为了保护自己的环境，可能会将污染密集型产品的生产转移到发展中国家，从而靠进口获得，而自身生产资本密集型产品进行出口获利。为此，本书接下来会对我国的出口行为进行分析，检验出口对我国的环境存在何种影响。

东部人均 GDP 及其平方的系数满足倒 U 形库兹涅茨曲线，而西部则表现为 U 形。

表 7.6　进口环境效应的回归结果

	模型 1 FE	模型 2 FE	模型 3 FE	模型 4 FE	模型 5 RE	东部 FE	中部 FE	西部 FE
lnimp	−0.0516	0.139	0.0283	0.182	0.129	−0.362	0.125	−0.413
	（0.605）	（0.277）	（0.811）	（0.174）	（0.335）	（0.127）	（0.732）	（0.458）
lngdp	0.756***	0.650***	0.796***	0.697***	0.697***	1.324***	0.701***	0.582***
	（0.000）	（0.000）	（0.000）	（0.000）	（0.000）	（0.000）	（0.000）	（0.000）
lngdplngdp	−0.0348	0.00438	−0.0182	0.0171	0.00428	−0.209***	−0.0652	0.109*
	（0.248）	（0.891）	（0.539）	（0.590）	（0.894）	（0.003）	（0.341）	（0.051）
lnres		0.142***		0.130***	0.108**	−0.241**	0.0670	0.000540
		（0.001）		（0.003）	（0.012）	（0.021）	（0.392）	（0.995）
lnimplnres		−0.0377**		−0.0351**	−0.0192	0.0592*	−0.0223	0.106**
		（0.032）		（0.045）	（0.260）	（0.052）	（0.556）	（0.024）
lnipc			0.0922***	0.0800**	0.0864***	0.117*	0.133**	0.0431
			（0.003）	（0.011）	（0.007）	（0.096）	（0.022）	（0.544）
lnimplnipc			−0.0164	−0.0125	−0.0162	−0.0232	−0.0609*	−0.0127
			（0.151）	（0.278）	（0.170）	（0.242）	（0.077）	（0.776）
_cons	8.969***	8.439***	8.598***	8.163***	8.364***	9.894***	8.459***	8.679***
	（0.000）	（0.000）	（0.000）	（0.000）	（0.000）	（0.000）	（0.000）	（0.000）
结构效应	是	是	是	是	是	是	是	是
技术效应	是	是	是	是	是	是	是	是
N	270	270	270	270	270	99	72	99
R-sq	0.854	0.861	0.863	0.869		0.904	0.956	0.915
Huasman Chi2	15.59	15.71	26.93	25.78		83.36	58.41	84.02
Prob＞Chi2	0.0487	0.1084	0.0027	0.0115		0.0000	0.0000	0.0000

下面对出口进行分析，结果列于表 7.7 中。首先从整体上分析模型 1～4，模

型 1 仅考虑规模、结构和技术效应回归结果，出口的系数显著为正，表明三种效应合力的结果促进了出口的污染问题；模型 2~4 是三种效应和政府效应共同作用的回归结果，不管何种形式的政府环境规制，出口的环境效应仍显著为正，表明目前我国的出口显著加重了污染。

其次，分析政府环境规制的作用，即 lnexplnres 和 lnexplnipc 的系数，发现 exp 和 res、exp 和 ipc 的交互项系数在全国层面上都不显著，表明环境规制在出口引发的环境问题上还没有起到明显的作用。这一方面反映出即使有政府的管制，但我国出口的产品仍主要集中于污染密集型产业上，这一部分是目前我国产业结构的不合理导致的，另一部分则是外国投资者抓住我国发展经济趋势的迫切需求，将生产过程中污染物排放量较多的产品生产转移到我国，进而靠进口获取这类产品导致的，两个原因都表明相对于环境保护，自身经济的发展更能引起生产者的关注；另一方面，政府对环境的治理相对于出口引发的环境问题还很有限，政府必须加大对出口产品的环境管制。

表 7.7 出口环境效应的回归结果

	(3) FE	(4) RE	(5) FE	(6) RE	(7) FE	东部 FE	中部 FE	西部 FE
lnexp	0.319^{**}	0.343^{**}	0.439^{***}	0.403^{***}	0.436^{***}	-0.0209	-0.121	-0.964^{**}
	(0.018)	(0.024)	(0.002)	(0.009)	(0.005)	(0.939)	(0.769)	(0.020)
lngdp	0.747^{***}	0.656^{***}	0.787^{***}	0.713^{***}	0.717^{***}	1.283^{***}	0.703^{***}	0.677^{***}
	(0.000)	(0.000)	(0.000)	(0.000)	(0.000)	(0.000)	(0.000)	(0.000)
lngdplngdp	-0.0130	0.00801	0.0132	0.0214	0.0273	-0.199^{***}	-0.0487	0.0909^{*}
	(0.668)	(0.807)	(0.661)	(0.510)	(0.399)	(0.009)	(0.451)	(0.081)
lnres		0.0671		0.0332	0.0409	-0.358^{***}	0.0440	-0.0435
		(0.135)		(0.455)	(0.356)	(0.003)	(0.556)	(0.560)
lnexplnres		0.00373		0.0157	0.00934	0.0982^{***}	-0.00837	0.0839^{**}
		(0.827)		(0.354)	(0.586)	(0.007)	(0.827)	(0.014)
lnipc			0.0789^{**}	0.0800^{**}	0.0768^{**}	0.0542	-0.00336	0.0778
			(0.030)	(0.027)	(0.033)	(0.474)	(0.954)	(0.202)

续表

	（3）	（4）	（5）	（6）	（7）	东部	中部	西部
	FE	RE	FE	RE	FE	FE	FE	FE
lnexplnipc			−0.00749	−0.00904	−0.00753	−0.000576	0.0266	−0.0273
			（0.602）	（0.529）	（0.596）	（0.982）	（0.348）	（0.389）
结构效应	是	是	是	是	是	是	是	是
技术效应	是	是	是	是	是	是	是	是
_cons	8.178***	8.068***	7.604***	7.678***	7.535***	8.362***	8.870***	9.893***
	（0.000）	（0.000）	（0.000）	（0.000）	（0.000）	（0.000）	（0.000）	（0.000）
N	270	270	270	270	270	99	72	99
R-sq	0.861	0.872	0.875	0.906	0.955	0.926		
Huasman Chi2	14.68	12.25	20.03	18.50		83.59	58.82	84.91
Prob＞Chi2	0.0657	0.2686	0.0290	0.1012		0.0000	0.0000	0.0000

区域层面上，环境规制下，东、中部的出口对环境的影响并不显著，西部的出口则抑制了污染问题，表明西部由于其独特的地理位置和清洁的资源要素禀赋，在出口产品上污染密集型产品要远低于其他区域，进而更好地促进了本区域经济的发展。exp 和 res 交互相的系数在东、西部显著为正，表明征收资源税显著促进了碳排放量，对于东部来说，经济的发达使得资源税并没有起到实质性作用，相对于资源税导致的利润减少，企业更希望通过加大出口额获取的收入来弥补；而对于西部来说，清洁能源占了很大比重，虽然征收资源税，但这只是生产过程中的一小部分，即资源税的征收完全没有影响当地的生产结构，对经济利益的影响也不大，从而导致对出口的环境效应没有起到预期的效果。exp 与 ipc 的交互项系数在东、中、西部均不显著，表明政府污染治理支出对出口的环境效应没有显著影响。

总的来说，在全国层面上，政府两种类型的环境规制对出口的环境效应没有显著影响；在区域层面，征收资源税能显著促进东、西部出口的环境效应，政府污染治理支出的作用并不明显。

人均 GDP 及其平方的系数仍然在东部满足库兹涅茨倒 U 形曲线，而在全国和中部则不满足，在西部表现为 U 形曲线，这也和上述外资引进和进口时的情况相似，进而也证明了模型的稳定性。

7.4　本　章　小　结

本章首先根据格鲁斯曼和克鲁格（Grossman and Krueger，1991）提出的经济活动的规模、结构和技术效应，建立了开放环境效应实证回归模型，并对模型进行修正，将政府引入模型中，以考察政府环境规制对开放环境效应的影响。变量的设置上，参考目前最常用、也最能反映我国实际的设置方法，并对涉及价格波动的变量进行平减，首先估计了我国各省的碳排放量和产业结构指数，并进行分析；实证部分，依次对外资、进出口等开放形式进行分析，发现不管是否有政府的环境规制，以及采取何种形式的环境规制，外资和出口会显著促进我国的碳排放量，而进口的促进作用并不显著，这也验证了"污染避难所"在我国是成立的，即在本书的研究背景下，我国国内的污染密集型产品的生产和出口还是占据了绝大多数，而进口的则主要是清洁产品。

通过对全国和东、中、西不同区域的实证分析，将政府的具体作用汇总如下：征收资源税会抑制外资引发的环境问题，而污染治理投资支出会促进外资引发的环境问题，而两者对出口环境效应的影响并不显著。针对不同区域，在外资引进引起的环境问题中，资源税在中部起到了抑制作用，在西部起到了促进作用，污染治理在中、西部均起到了促进作用；在出口引发的环境问题中，资源税在东、西部起到了促进作用，具体影响汇总到表 7.8 中。

表 7.8　结果汇总

开放形式	区域	收入型监管（资源税）	支出型监管（政府污染治理）
外资	全国	利大于弊	弊大于利
	东部	不显著	不显著
	中部	利大于弊	弊大于利
	西部	弊大于利	弊大于利

续表

开放形式	区域	收入型监管（资源税）	支出型监管（政府污染治理）
出口	全国	不显著	不显著
	东部	弊大于利	不显著
	中部	不显著	不显著
	西部	弊大于利	不显著

在这些结论的基础上，本部分还结合不同地区的实际发展情况，从经济发展水平、产业结构合理化程度、不同政府环境规制来源投入的实质及对企业生产过程的影响等角度，对这些结果差异进行了解释。

除此之外，还验证了库兹涅茨倒 U 形曲线在我国是否成立，主要观察人均GDP 及其平方系数的正负和显著性，结果显示，东部人均 GDP 系数为正，平方系数为负，即东部满足库兹涅茨倒 U 形曲线，而西部两者均为正，即西部满足 U 形曲线。

第8章 地方政府监管下开放环境效应的深入分析

8.1 环境规制的间接影响作用分析

第 7 章的分析建立在经济活动通过规模、结构和技术效应影响环境的基础之上，并引入政府环境规制的作用，从而分析了环境规制对开放环境问题的影响。由于结构和技术都会影响经济活动导致的污染问题，本章设想环境规制除了直接作用于污染问题外，是否能通过影响当地的经济结构和技术，进而对环境问题产生另一种影响机制？基于此，下文将对环境规制的另一影响途径进行验证。

8.1.1 描述性统计分析

在回归之前，首先对我国近年来与国外联系紧密的污染型行业的产值变化与我国技术研发支出做统计性分析。表 8.1 报告了外资流入的污染型产业的产值变化和我国财政支出中科技支出的份额变化趋势。

表 8.1 污染密集型行业三资企业资产总额占全部国有及规模以上非国有企业总资产份额

行业	2004 年	2006 年	2008 年	2010 年	2012 年	2014 年	变化趋势
食品行业	30.49	33.77	33.59	32.03	28.11	23.19	—
纺织业	25.20	28.02	27.80	26.52	22.82	20.42	—
皮革、毛皮、羽毛（绒）及其制品业	51.29	58.63	54.52	51.63	46.36	39.55	—
造纸及纸制品业	37.65	44.63	45.69	45.47	41.67	40.19	+
石油加工、炼焦及核燃料加工业	12.69	13.27	15.66	14.82	12.46	11.28	—
化学原料及化学制品制造业	20.86	28.66	27.82	28.16	25.18	23.60	+
医药制造业	17.31	22.04	26.70	27.00	25.48	23.63	+
化学纤维制造业	24.69	31.99	35.09	34.97	32.10	32.31	+
橡胶和塑料制品业	46.27	45.88	44.09	39.07	35.91	30.33	—
非金属矿物制品业	19.78	22.24	23.03	19.58	16.39	13.79	—

行业	2004 年	2006 年	2008 年	2010 年	2012 年	2014 年	变化趋势
黑色金属冶炼及压延加工业	8.57	11.87	11.49	11.10	10.50	8.75	+
有色金属冶炼及压延加工业	12.08	15.84	16.45	15.75	13.99	14.02	+
平均	25.57	29.74	30.16	28.84	25.91	23.42	

数据来源：《中国统计年鉴》（2005～2015 年）；注：食品行业包含农副食品加工业、食品制造业和饮料制造业。

参考沙文兵和石涛（2006）的做法，本书列出了部分污染密集型行业中三资企业的资产总额在全部国有及规模以上非国有企业资产总额中的比重，从表 8.1 可以看出，近年来，污染密集型行业中三资企业资产占比虽然均有波动，但波动并不是很大，而且大部分企业占比达到20%以上，即外资的五分之一流入污染密集型行业，还有部分行业超过了 30%：皮革、毛衣、羽毛及其制品业、造纸及纸制品业、化学纤维制造业、橡胶和塑料制品业，最高制纸及纸制品业的比例已经达到 40%，相比 2004 年，2014 年增幅最大的是化学纤维制造业，达到30.86%，并且每个年份污染密集型三资企业资产额占比都在 25%左右，这表明污染密集行业仍然是外商投资进入的重要领域，因此要想从根本上治理开放引起的环境问题，污染强度大的产业结构必须进行优化和调整，下文继续从实证方面来验证。

8.1.2　实证回归分析

基于式（7.2），建立如下回归模型：

$$\ln \text{Plu}_{it} = \alpha_{10} + \alpha_{11}\text{open}_{it} + \sum X_i + \alpha_{12}\text{GOV}_{it} + \alpha_{13}\text{GOV}_{it} \times I_{it} + \beta_i + \beta_t + \mu_{it} \qquad (8.1)$$

其中，X_i 包含了规模、结构和技术三种效应；GOV 表示政府的环境规制。这里需要说明的是，模型中的政府环境规制除了包含常规的支出型政府监管，即污染治理支出外，也加入收入型政府监管，即资源税，从而可以更全面地反映政府环境规制的作用。由《中国统计年鉴》可知，污染治理支出有以下来源：政府预算财政支出、企业自筹、排污费补助和银行贷款等，前两者占据了大部分。β_i 是只与地区有关而与时间没有关系的因素，即地区固定效应；β_t 是只与时间有关而与地区没有关系的因素，即时间固定效应；μ_{it} 是随机误差项。需要说明的是，I_{it} 表示的是 i 省在 t 年的产业结构指数和技术支出，通过与环境规制的交互，研究环境规制是否能通过调整当地的产业结构升级和控制当地技术研发支出，从而改变当地的污染问题。

上文的分析结果表明，进口的环境效应并不明显，下文主要针对外资和出口进行分析，依次对产业结构和技术支出进行式（8.1）的回归，回归前同样先进行豪斯曼检验，将结果整理到表 8.2 中。

表 8.2　环境规制对产业结构和技术的影响回归结果

		模型 1 lnresstr	模型 2 lnreslntec	模型 3 lnipcstr	模型 4 lnipclntec
外资	回归方法	RE	RE	FE	FE
	系数	−0.0752	−0.000943	−0.0309	−0.0277***
	P 值	0.471	0.912	0.659	0.006
	Huasman Chi2	14.06	13.91	16.13	28.89
	Huasman（P 值）	0.1703	0.1772	0.0959	0.0013
出口	回归方法	FE	FE	FE	FE
	系数	−0.193*	−0.000192	−0.0433	−0.0323***
	P 值	0.074	0.982	0.534	0.001
	Huasman Chi2	21.11	16.38	17.51	33.86
	Huasman（P 值）	0.0203	0.0892	0.0639	0.0002

表 8.2 仅列出了环境规制与产业结构、技术的交互项，模型 1～4 分别表示在回归方程中依次加入 lnresstr、lnreslntec、lnipcstr 和 lnipclntec 交互项的回归结果，分别分析交互项的系数，对于外资，资源税对产业结构和技术的影响不显著，污染治理支出对产业结构的影响不显著，但是对技术的影响可以显著减少碳排放量，这表明污染治理支出如果更多地投放到技术的创新上，对环境污染问题能起到更好的抑制作用；对于出口，资源税对产业结构的影响显著，可以有效地抑制碳排放量，对技术的影响不显著，污染治理支出对产业结构的影响不显著，但是可以通过影响技术创新来显著减少碳排放量，这表明对于出口企业，政府不同类型的环境规制应该作用于不同的对象，资源税对企业生产结构的升级和优化有很好的促进作用，而污染治理支出则应该更多地投放在技术的创新上，这也反映了对于出口，政府的环境规制虽然没有对环境起到直接的管制作用，但可以通过影响当

地的产业结构和技术从而对环境起作用。结合第 7 章的分析结果，把政府环境规制的影响机制汇总于表 8.3。

表 8.3　环境规制影响机制汇总

环境规制直接作用		收入型监管（资源税）		支出型监管（政府污染治理）	
	外资	抑制		促进	
	出口	不显著		不显著	
环境规制间接作用		资源税对产业结构	资源税对技术	政府支出对产业结构	政府支出对技术
	外资	不显著	不显著	不显著	抑制
	出口	抑制	不显著	不显著	抑制

从表 8.3 可以看出，对于外资，资源税可以直接抑制外资引起的污染，而如果污染治理支出直接作用于污染，并不能起到实质性的作用，反而会促进污染变严重，但是如果污染治理支出投入到技术的研发上，则能显著地抑制外资环境问题；对于出口，征收资源税能促进企业的产业结构优化升级，政府治理支出专注于技术的创新上，能显著地优化我国出口引发的环境问题，发挥政府环境管制的作用。

8.2　不同政府执行力下的开放环境效应的分析

温家宝总理在 2007 年的《政府工作报告》中首次提出了"政府执行力"，主要是指各级政府在中央政府统一的领导下，贯彻落实党和国家的路线、方针、政策，制定积极有效的计划和措施落实到具体工作中并实现预期目标的能力和水平，是政府工作的生命力所在（吴婧和姜华，2006）。

经过上文的研究发现，政府在开放环境效应中起到了一定的作用，政府对环境的管制主要通过制定相关政策来进行，不同省市的政府，由于地域、经济条件等客观因素的影响，以及不同级别政府之间政策的学习、具体实施方案的确定和贯彻实施等的差异，对中央政府政策的执行力度有很大差别，地方政府执行力的强弱决定了政策作用的发挥，因此，本书在考虑地方政府执行力的情况下，分析政府执行力不同的省市之间、政府环境规制在开放环境效应中的作用是否有所差别，预期得到的结果为政府执行力强的省市，政府的环境规制作用更大，能更好地治理环境问题。

8.2.1　不同政府执行力的区域划分

在进行分析之前，首先要对我国不同地方政府执行力进行衡量，目前对政府执行力的研究主要集中在指标的构建上，如魏红英（2006）、莫勇波和刘国刚（2009）、李红岩等（2012）、高彩萍和李景平（2014）等，但是在对各省政府执行力的估算的文献几乎没有，鉴于此，本书综合相关政府执行力的指标，选取尽量可以量化的指标，将不能量化的指标找到最相似的代理变量进行衡量，以此来对我国各省的政府执行力数值进行粗略估算。

1. 指标的选取

政府执行力是指政府执行政策的能力及执行的效果，因此要想衡量政府执行力，应该以考虑政府对政策的执行能力和政策执行效果为主，其他因素为辅，全面协调地反映政府执行力。考虑本书要估算不同地区政府执行力的指标值，因此具体指标的选取要遵循全面性、客观性、可量化性和数据的可获得性等原则，据此本书综合魏红英（2006）、李慧卿（2008）、莫勇波和刘国刚（2009）、李红岩等（2012），构建政府执行力指标体系，依次选取了十类指标，并参考了其中代理指标的设置，将每个变量的信息、数据的来源总结在表8.4中，将指标控制在10个是出于两方面的考虑：一方面是考虑指标的可量化性和数据的可获得性原则；另一方面，本书是对除西藏、港澳台外的30个省的政府执行力进行估算，考虑后文要进行的因子分析，将样本数与指标数之比尽量控制在因子分析准确率较高的范围内，即3：1～5：1，以提高分析的可靠性。

需要说明的是，本节仅选取了2008年的数据，来计算当年各省政府执行力的大小，原因有以下几点：首先，本书的数据区间选取为2004～2012年，这一期间全国人民代表大会常务委员会没有换届，因此假设在此期间我国各省政府执行力波动不大，且2008年处于研究时间范围的中间时间点。其次，2008年，北京奥运会的举行和汶川地震等国内要事的发生，都需要政府的积极参与，因此可以认为在这一年政府潜在的执行力得到了充分发挥，即充分体现了各省政府最大的执行力。最后，出于对数据的考虑，鉴于本书的宏观数据，如果依次考虑每一年政府的执行力数据，在后文进行数据回归时，由于数据量过少，会导致回归结果的不可靠。

表 8.4　政府执行力指标体系的构建和数据来源

指标	代理变量	数据来源
领导人员业务素质	国家行政机构职工本科以上人数/年末总人数	EPS 全球数据库（中国民政数据库）
执行手段和工具适合度	财政支出/财政收入	
财政收入情况	财政收入/GDP	《中国统计年鉴》
行政经费	行政事业收入/财政收入	
执行经费	公共服务支出/财政支出	
设备先进性	（教育+科技支出）/财政支出	
经济情况	人均 GDP	
人口受教育程度	每十万人平均在校高等学生数	中经网统计数据库
社会满意度	城市生活垃圾无害化处理率	
政府监控度	逮捕率和犯罪率	《中国检察年鉴》

各变量数据的统计分析见表 8.5。

表 8.5　政府执行力指标数据的描述统计分析

变量	最大值	最小值	平均值	标准差
国家行政机构职工本科以上人数/年末总人数	59.48	24.39	37.85	16.67
财政支出/财政收入	93.78	19.68	52.25	42.21
财政收入/GDP	16.76	5.60	8.69	5.59
行政事业收入/财政收入	16.66	1.41	6.99	2.70
公共服务支出/财政支出	19.09	7.66	15.20	4.83
（教育+科技支出）/财政支出	24.49	13.40	19.15	1.18
人均 GDP	66932.00	9855.00	26547.43	31603.43
每十万人平均在校高等学生数	6749.96	969.09	2245.47	3773.29
城市生活垃圾无害化处理率	97.71	26.42	67.55	32.32
逮捕率	15.12	4.13	7.48	2.82
起诉率	18.63	3.90	8.99	3.62

数据来源：EPS 全球数据库、《中国统计年鉴》、中经网统计数据库、《中国检察年鉴》，并由 Excel 整理所得。

2. 因子分析简介

上文对政府执行力的指标进行了分析，观察指标发现，变量之间有部分指标之间存在着信息重叠，且各变量在政府执行力中起的作用并不相同，为了避免变量之间的共线性问题，更全面地体现政府执行力，本书采用因子分析方法对变量进行综合。

因子分析是一种从多个变量中提取共性因子的统计技术，它的目的是将具有错综复杂关系的变量或样品综合成数量比较少的几个因子，通过这少数的几个因子反映原始变量与各因子之间的相互关系，并根据不同因子及变量的相关性大小，将变量分成少数几类，从而达到减少变量数目这一目的，即

$$X_i = a_{i1}F_1 + a_{i2}F_2 + \cdots + a_{in}F_n + \varepsilon_i \qquad (8.2)$$

其中，X_i 是第 i 因子；F_1，F_2，$\cdots$，F_n 是变量；a_{in} 是第 n 变量在第 i 因子上的贡献量。

3. 区域划分结果

进行因子分析之前，首先对原始数据进行标准化处理，以消除变量单位不同对结果的影响，然后对因子分析的可行性进行检验，即计算因子分析的 KMO 值及进行球形度检验，具体结果见表 8.6。

表 8.6　因子分析可行性检验

KMO	0.751
Bartlett 的球形度检验近似卡方	271.144
Sig.	0.000
收敛迭代次数	5

数据来源：EPS 全球数据库、《中国统计年鉴》、中经网统计数据库、《中国检察年鉴》，并由 SPSS 整理所得。

从表 8.6 可以看出，KMO 值到达 0.751，超过了因子分析适合性的 0.7，并且 Bartlett 球形度检验在 1% 的水平上显著，说明本书选取的变量适合作因子分析。

在进行因子分析时，设定因子提取的方法为主成分分析法，提取的原则为满足特征值大于 1 的因子，并对成分矩阵以 Kaiser 标准化的正交旋转法进行旋转，发现提取出三个因子，且三个因子的旋转贡献方差依次为 0.36231、0.27272、0.161，对政府执行力的总解释程度达到 79.603%，各变量在对应因子中的贡献大小具体见表 8.7。

表 8.7　旋转成分矩阵

	成分		
	1	2	3
国家行政机构职工本科以上人数/机构年末总人数	0.839	0.133	−0.066
财政支出/财政收入	0.466	0.768	0.199
财政收入/GDP	0.761	0.227	0.346
行政事业收入/财政收入	−0.071	−0.068	−0.924
公共服务支出/财政支出	−0.886	0.067	−0.012
人均 GDP	0.743	0.519	0.239
每 10 万人平均在校高等学生数	0.824	0.308	0.103
（教育+科技支出）/财政支出	−0.328	0.712	0.349
城市生活垃圾无害化处理率	0.194	0.768	−0.267
逮捕率	0.341	0.657	0.539
起诉率	0.450	0.661	0.449

数据来源：EPS 全球数据库、《中国统计年鉴》、中经网统计数据库、《中国检察年鉴》，并由 SPSS 整理所得。

观察表 8.7 发现，第一因子在国家行政机构职工本科以上人数/机构年末总人数、财政收入/GDP、公共服务支出/财政支出、人均 GDP、每 10 万人平均在校高等学生数上承载较大；第二因子在财政支出/财政收入、（教育+科技支出）/财政支出、城市生活垃圾无害化处理率、逮捕率上承载较大；第三因子在行政事业收入/财政收入上承载在较大，参考李红岩等（2012），可以依次将第一、第二和第三因子命名为执行条件因子、执行效力因子和执行能力因子，这也说明了政府执行力的强弱，取决于执行环境、能力和结果三方面，是这三方面共同作用的反映，仅仅追求某一方面的发展并不能很好地体现当地政府执行力。根据计算出的各因子得分，利用对提取出的因子的旋转方差贡献率总和进行归一化处理，进而求得综合得分，即综合得分$=\sum_{i=1}^{n} a_i \times \omega_i / \sum_{i=1}^{n} \omega_i$，其中，$a_i$ 是第 i 因子得分；ω_i 是第 i 因子旋转方差贡献率，得分列于表 8.8，根据此综合得分来表示我国各省政府执行力指数的大小。

根据表 8.8，可以以零为分界线，将我国政府执行力分为强和弱两个区域，即综合得分位于 0 以上的为执行力强的省份，位于 0 以下的为执行力弱的省份。则执行力强的省份有北京、天津、上海、辽宁、江苏、浙江、广东、福建、重庆，可以发现执行力强的省份大部分是我国东部沿海发达省份，这也表明了地方政府执行力的大小与该地的经济发展水平有很密切的关系，即经济发达的地区，往往政府执行力也强，这是由当地的地理条件、要素资源禀赋等客观条件决定的。而政府执行力弱的省份有河北、山西、内蒙古、吉林、黑龙江、安徽、江西、山东、河南、湖南、湖北、海南、广西、云南、四川、贵州、陕西、青海、甘肃、宁夏、新疆等省份，大部分位于我国中西部，同时也反映出我国政府执行力水平大部分还不强。

表 8.8　各省政府执行力综合得分

省份	政府执行力指数	省份	政府执行力指数	省份	政府执行力指数
北京	1.85	浙江	0.92	海南	−0.17
天津	0.93	安徽	−0.49	重庆	0.02
河北	−0.36	福建	0.17	四川	−0.43
山西	−0.13	江西	−0.42	贵州	−0.34
内蒙古	−0.22	山东	−0.08	云南	−0.13
辽宁	0.29	河南	−0.41	陕西	−0.25
吉林	−0.16	湖北	−0.43	甘肃	−0.53
黑龙江	−0.29	湖南	−0.48	青海	−0.54
上海	1.61	广东	0.36	宁夏	−0.12
江苏	0.42	广西	−0.37	新疆	−0.21

数据来源：EPS 全球数据库、《中国统计年鉴》、中经网统计数据库、《中国检察年鉴》，并由 SPSS 计算所得；西藏和港澳台资料暂缺。

8.2.2 不同政府执行力的回归结果分析

根据上文分区结果，在政府执行力不同的省份对式（7.1）进行回归，以观察执行力不同的省份，政府环境规制的作用是否如预期的那样，首先同样进行豪斯曼检验，检验结果表明所有回归都采用固定效应模型，具体回归结果列于表 8.9。

其中，模型 1 是仅考察收入型政府环境规制作用的回归结果，模型 2 是仅考察支出型政府环境规制作用的回归结果，模型 3 是同时考虑了两种环境规制作用的回归结果。首先分析外资引进，模型 1 和模型 3 中，外资与资源税的交互项的系数均为负，表明征收资源税对外资引进的污染问题有明显的抑制作用，并且有 0.143 大于 0.0515，0.129 大于 0.0453，即执行力强的省份的系数的绝对值大于执行力弱的省份，表明这种抑制作用在执行力强的省份表现的更明显；模型 2 和模型 3 中，外资与污染治理投资的交互项系数，两个区域均为正，但政府执行力强的省份不显著，而政府执行力弱的省份显著为正，表明政府执行力弱的省份，对碳排放量促进作用更明显，但考虑政府环境规制的作用是抑制污染问题，反过来看即在执行力强的省份的抑制作用要大于执行力弱的省份；这两方面的分析都表明政府执行力强的省份的环境规制作用要明显大于政府执行力弱的省份，这与预期结果相符。

表 8.9 不同政府执行力与省市的环境规制回归结果

		政府执行力强			政府执行力弱		
		模型 1	模型 2	模型 3	模型 1	模型 2	模型 3
		FE	FE	FE	FE	FE	FE
fdi	lnfdilnres	-0.143^{***} (0.000)		-0.129^{***} (0.002)	-0.0515^{**} (0.020)		-0.0453^{**} (0.034)
	lnfdilnplu		0.0221 (0.568)	0.0242 (0.516)		0.0355^{*} (0.055)	0.0389^{**} (0.029)
	N	81	81	81	189	189	189
	R-sq	0.946	0.937	0.947	0.870	0.866	0.880
	Huasman Chi2	70.17	70.26	68.20	36.69	37.77	46.10
	Prob＞Chi2	0.0000	0.0000	0.0000	0.0001	0.0000	0.0000

续表

| | | 政府执行力强 | | | 政府执行力弱 | | |
| | | 模型 1 | 模型 2 | 模型 3 | 模型 1 | 模型 2 | 模型 3 |
		FE	FE	FE	FE	FE	FE
exp	lnexplnres	0.0203 （0.382）		−0.0104 （0.642）	−0.00533 （0.849）		0.0141 （0.612）
	lnexplnplu		−0.0750*** （0.003）	−0.0785*** （0.005）		−0.0247 （0.349）	−0.0162 （0.522）
	N	81	81	81	189	189	189
	R-sq	0.925	0.941	0.941	0.890	0.885	0.897
	Huasman Chi2	69.82	70.13	67.85	22.85	30.97	30.30
	Prob＞Chi2	0.0000	0.0000	0.0000	0.0113	0.0006	0.0025

再分析出口，模型 1 和模型 3 中，出口与资源税的交互项在执行力强和弱的省份都不显著，无法进行比较；模型 2 和模型 3 中，出口和污染治理投资的交互项系数在两区域均为负，但在执行力弱的省份并不显著，表明污染治理投资能显著抑制执行力强的省份的出口引发的污染问题，但执行力弱的省份的抑制作用并不明显，同样也可以说明，在政府执行力强的省份，政府支出型环境规制的作用大于执行力弱的省份，与预期结果相符，但是收入型环境规制在两区域之间的作用大小无法比较。

通过上述分析，在可比较的结果中，政府执行力强的省份的环境规制的作用明显大于政府执行力弱的省份的环境规制的作用，这表明政府执行力的强弱是政府政策发挥作用大小的关键性因素，但并不是绝对因素，如出口中的收入型政府环境规制并没有表现出明显的大小关系。

考虑本书是在假设政府执行力充分发挥的情况下进行分析的，即预期政府是一个对政策的执行非常高效的组织，但现实中政府执行力的发挥受很多客观因素的限制，因此要想政府环境规制的作用得以充分发挥，提高政府执行力是一个很有用的途径，防止决策与执行相脱节，但并不是绝对有效的途径，主要原因有（刘亚娟，2007）：

首先，"上有政策，下有对策"，政策传导者为了自身利益，随意钻政策空子的行为，政策在传达和执行过程中不断被扭曲、变形，当真正执行的时候，即使地方政府政策执行力较强，但政策可能已经与最初的目的有了偏离，政策效果明显减弱。

其次，政策与执行的不配套，主要体现在新老政策、宏观和微观政策、不同部门之间的政策协调力度不够，只单方面的执行可能会弱化政策效果。

再次，在政策执行中可能存在着创新精神不够的情况，没有根据实际的需要制定符合实际发展的政府政策，而只是机械地使用已有的政策，并没有对政策进行评估和反馈，发现问题时，不能及时修正，没有真正发挥政策应有的作用。

最后，可能地方政策没有针对性，也不能区别对待，上文的分析也表明了对于不同的贸易形式，不同环境规制的作用是不一样的，因此在制定政策时，要充分考虑当地的实际，制定具有针对性的有效政策，防止"一刀切"，盲目执行与地区客观条件不符合的政策的现象。

因此，政府在执行政策时，要及时关注政策的传导，政策与执行的协调配套，并且要不断发现政策执行过程中的问题，不断改正和创新，根据自身特殊条件，灵活有效地去执行。

8.3 开放环境效应区域差异性的影响因素分析

通过上文分析可以发现，对于不同形式的贸易，或者即使是同一种贸易，但在不同地区的影响，政府环境规制在开放环境效应中的作用都表现出了很大的差异，结合上文的实证分析，本书主要从以下几个方面对开放环境效应的区域差异性进行解释。

8.3.1 政府监管

首先是政府的作用。政府监管，也叫做政府管制或规制，是政府在市场经济背景下，为达到预先制定的某些公共政策目标，对各类经济主体进行的一系列规范与制约活动。当发生污染问题时，企业出于对自身利益的考虑，可能不会主动实施环境保护政策，这时候就需要政府制定相关政策，对环境保护进行监管，如上文中提到的两种措施：征收企业资源税或是污染治理投资，这部分投资由企业和政府共同出资完成，只有这样涉及企业自身利益时，企业才会加大对环境的保护力度，但是企业对政策的反应是不相同的，导致了不同政策对不同形式的贸易和不同地区的影响都不相同，如征收资源税对外资的环境效应有抑制作用，但是对出口环境效应的影响并不显著，可以通过产业结构和技术来刺激环境保护，这也和当地的客观条件、资源禀赋等有密切关系。另外，对于政府环境规制，不同地方、不同级别的政府执行力不同，也会导致政策作用发挥产生差异。

8.3.2　研发创新

不同地区的研发创新也会影响开放的环境效应，实行对外开放，最主要的目的就是发展经济，吸收外国先进技术，从而对这些技术进行创新并为己所用。对于科技研发较发达的区域，其从国外学到的技术有限，但是可以利用自身科技对国外技术进行创新，最可能的表现形式就是吸引外资，虽然引发了环境问题，但是技术的创新可以为以后更有效地治理环境提供技术支持；而对于科技欠发达的区域，其从国外学到的先进技术可以更好地发展自身经济，开放引起的经济溢出效应远超过了由此引发的环境问题，但很明显，这一举动并不合理，这明显是以环境为代价来发展经济，从长远来看是不可取的。

8.3.3　产业结构

产业结构是指经济体系内不同产业部门之间及同一产业部门内部的结构。不同地区产业结构完全不同，目前我国产业结构还存在很多不合理的地方，最直接的后果一方面导致了产品生产效率降低，污染物排放量增加；另一方面导致了发达国家污染密集型产品的生产进入我国，从而形成了"污染避难所"效应，使产业结构不合理的地区污染问题加重。

8.3.4　地区人力资本

人力资本是指在人力教育培训等方面的投资支出所带来的资本回报，其与我国的科技水平密切相关，人力资本发达的地区，科技也更先进，能更好地利用开放带来的先进技术，从而为环境保护提供更多的技术支持。

影响不同区域之间开放环境效应差异性的因素有很多，只有针对不同区域制定有针对性的环境政策，配合政府实施部门，才能更好地实施"走出去"战略。

8.4　本 章 小 结

本章从政府环境规制对产业机构和技术的间接影响作用和不同地区政府执行力不同两个角度，分析了政府环境规制作用的发挥机制。在进行间接影响的实证分析之前，对我国产业结构进行了统计分析，主要用我国近年来与国外联系紧密的污染性行业的产值变化来表示，然后依次实证检验了政府环境规制对产业结构和技术是否有作用，进而来影响外资和出口引发的环境问题，并得到了以下的结论：政府污染治理支出对技术的影响，能显著抑制外资和出口引起的环境污染，而征收资源税则能促进对产业结构的调整，从而抑制出口的环境问题，这也为政府政策的制定需要充分考虑客观实际，有针对性的执行提供了理论依据。

其次是对政府执行力不同的分析，选取变量，采用因子分析对我国不同省份的政府执行力指数进行估算，得到不同省份政府执行力的综合得分，据此将我国分为政府执行力强和政府执行力弱的两个区域；在政府执行力强弱不同的区域，分别考察政府环境规制在外资和出口环境效应中的作用，验证政府执行力强弱不同的区域，环境规制所起的作用是否存在差别。实证结果发现：并不是所有政府执行力强的省份，环境规制的作用都明显优于政府执行力弱的省份，从而得到政府执行力强弱虽然是开放环境效应中环境规制政策实施的关键性因素，但并不是决定性的，也有很大一部分其他客观原因，针对这一结果，本章从政策传导、政策与执行的匹配度、政策执行过程中的创新性，不考虑实际和政策的针对性等角度解释了原因，从而为更好地提高政府执行力提供了相应的对策。最后，从政府监管、研发创新、产业结构和人力资本等角度进一步解释了开放环境效应区域差异性的形成原因。

参 考 文 献

高彩萍，李景平. 2014. 地方政府执行力模糊层次评价模型的构建.统计与决策，（14）：41-43.

李红岩，刘海燕，王紫尧.2012.我国地方政府执行力评价指标体系的构建.山西财经大学学报，34（10）：19-29.

李慧卿.2008.政策执行视角下的地方政府执行力刍议.汕头大学学报（人文社会科学版），（1）：65-68，94.

刘亚娟.2007.我国政府执行力提升研究. 大连：大连理工大学（硕士学位论文）.

莫勇波，刘国刚.2009.地方政府执行力评价体系的构建及测度.四川大学学报(哲学社会科学版)，（05）：69-76.

沙文兵，石涛.2006.外商直接投资的环境效应——基于中国省级面板数据的实证分析.世界经济研究，（06）：76-81+89.

魏红英.2006.公共产品视角下县级政府服务能力建设路径探析.广东社会科学，（02）：94-98.

吴婧，姜华.2006.我国战略环境评价能力建设综述.环境保护，（02）：44-47，51.

徐国泉，刘则渊，姜照华. 2006. 中国碳排放的因素分解模型及实证分析：1995—2004. 中国人口•资源与环境，（06）：158-161.

杨树旺，杨书林，魏娜. 2012. 不同来源外商直接投资对中国碳排放的影响研究.宏观经济研究，（09）：19-26.

张宇. 2014. 低碳导向的土地利用结构优化研究. 南京：南京农业大学（博士学位论文）.

多和田道.2006. 環境問題におけるハリス＝トダロー・パラドックス. 経済学論究（関西学院大学），60（3）：1-14.

井上和子.2001. 越境汚染の動学分析. 東京：勁草書房.

藪内繁己，近藤健児.2007. 現代国際貿易の諸問題. 中京大学経済学部付属経済研究所.

藪内繁己. 2008. 二重経済における貿易自由化が賃金格差と失業に及ぼす効果. オイコノミカ，44（3•4）：143-153.

伊藤元重，大山道広. 1986. 国際貿易. 東京：岩波書店.

Agell J, Lundborg P. 1995. Theories of pay and unemployment: survey evidence from swedish manufacturing firms. Scandinavian Journal of Economics, 97（2）：295-307.

Anand S, Joshi V. 1979. Domestic distortions, income distribution and the theory of optimum subsidy. The Economic Journal, 89（354）：336-352.

Anderson J, Neary P. 1994. Measuring trade restrictiveness of trade policy. World Bank, Economic

Review, 8（1）: 151-169.

Andrew K R. 2004. Do we really know that the WTO increases trade? American Economic Review, 94（1）: 98-114.

Anríquez G. 2002.Trade and the environment: an economic literature survey. The University of Maryland, College Park, WP: 02-16.

Balassa B.1978. Export incentives and export performance in developing countries: a comparative analysis. Review of world Economics, 114（1）: 24-61.

Balassa B. 1996. Tariff reductions and trade in manufacturers among the industrial countries. The American Economic Review, 56（3）: 466-473.

Balassa B. 2010. Trade between Developed and Developing Countries: the Decade Ahead. Access date. 2010/11/05/03/36.URL. http: //www.oecd.org/dataoecd/62/19/2501905.pdf.

Batabyal A. 1998. Environmental Policy in developing countries: a dynamic analysis. Review of Development Economics, 2: 293-304.

Batabyal A, Beladi H. 2006. A stackelberg game model of trade in renewable resources with competitive sellers. Review of International Economics, 14（1）: 136-147, 02.

Batra R N, Naqvi N. 1987.Urban unemployment and the gains from trade. Economica, 54: 381-395.

Baumol W J. 1971. Environmental Protection, International Spillovers, and Trade. Wicksell Lectures, Stockholm.

Beghin J, Roland-Holst D, van der Mensbrugghe D. 1997.Trade and pollution linkages: piecemeal reform and optimal intervention. Canadian Journal of Economics, 30: 442-455.

Beladi H. 1988.Variable returns to scale, urban unemployment and welfare. Southern Economic Journal, 55: 412-423.

Beladi H, Naqvi N. 1988. Urban unemployment and non-immiserizing growth. Journal of Development Economics, 28: 365-376.

Beladi H, Frasca R. 1999. Pollution control under an urban binding minimum wage. The Annals of Regional Science, 33: 523-533.

Beladi H, Chaudhuri S, Yabuuchi S. 2008. Can international factor mobility reduce wage inequality in a dual economy? Review of International Economics, 16（5）: 893-903.

Bencivenga V R, Smith B D. 1997.Unemployment, migration, and growth. The Journal of Political Economy, 105, 3: 582-608.

Bernard A B, Jensen J B. 1999. Exceptional exporter performance: cause, effect, or both? Journal of International Economics. 47: 1-25.

Bhagwati J, Srinivasan T N. 1974. On reanalysing the Harris-Todaro model: policy rankings in the case of sector-specific sticky wages. The American Economic Review, 64（3）: 502-508.

Bovenberg A L，van der Ploeg F.1996.Optimal taxation，public goods and environmental policy with involuntary unemployment. Journal of Public Economics，62：59-83.

Brecher R A.1974.Minimum wage rates and the pure theory of international trade. The Quarterly Journal of Economics，88，（1）：98-116.

Cabo F，Martin-Herran G. 2006. North-South transfers vs biodiversity conservation：a trade differential game. The Annals of Regional Science，40（2）：249-278.

Carraro C，Galeotti M，Gallo M. 1996. Environmental taxation and unemployment：some evidence on the 'Double Dividend Hypothesis' in Europe. Journal of Public Economics，62：141-181.

Chandra V，Khan M A. 1993. Foreign investment in the presence of informal sector. Economica，60：79-103.

Chang W W. 1981.Production externalities，variable returns to scale，and the theory of international trade. International Economic Review，22：511-525.

Chao C C，Yu E S H. 1990. Urban unemployment，terms of trade and welfare.Southern Economic Journal，56：743-751.

Chao C C，Yu E S H. 1993. Content protection，urban unemployment and welfare.Canadian Journal of Economics，26：481-492.

Chao C C，Yu E S H. 1994. Foreign capital inflows and welfare in an economy with imperfect competition. Journal of Development Economics，45（1）：141-154.

Chao C C，Yu E S H. 1996. International capital mobility，urban unemployment and welfare. Southern Economic Journal，62：486-492.

Chao C C，Kerkvliet J R，Yu E S H.2000.Environmental preservation，sectoral unemployment，and trade in resources.Review of Development Economics，4：39-50.

Chaudhuri S，Yabuuchi S. 2007. Economic liberalization and wage inequality in the presence of labor market imperfection. International Review of Economics and Finance，16：592-603.

Chichilnisky G. 1994. Traditional comparative advantage vs. increasing returns to scale，NAFTA and the GATT. International Problems of Economic Interdependence：161-197.

Choi E K，Beladi H. 1993. Optimal trade policies for a small open economoy. Economica，New Series，60（240）：475-486.

Copeland B R. 1989. Efficiency wages in a Ricardian model of international trade. Journal of International Economics，21（34-）：221-244.

Copeland B R. 1994. International trade and the environment：policy reform in a polluted small open economy. Journal of Environmental Economics and Management，26：44-65.

Copeland B R. 2000. Trade and environment：policy linkages.Environment and Development Economics，5（4）：405-432.

Copeland B R, Taylor M S. 1994. North-South trade and the environment. Quarterly Journal of Economics, 109: 755-787.

Copeland B R, Taylor M S. 1995a. Trade and the environment: a partial synthesis.American Journal of Agricultural Economics, 77 (3): 765-771.

Copeland B R, Taylor M S.1995b. Trade and transboundary pollution. American Economic Review, 85 (4): 716-737.

Copeland B R, Taylor M S.1997. The trade-induced degradation hypothesis. Resource and Energy Economics, 19 (4): 321-344.

Copeland B R, Taylor M S. 1999. Trade, spatial separation, and the environment. Journal of International Economics, 47: 137-168.

Copeland B R, Taylor M S. 2003. Trade and the environment, theory and evidence. Princetion: Princeton University Press.

Corden W M, Findlay R. 1975. Urban unemployment, intersectoral capital mobility, and development policy in a dual economy.Economica, 42: 59-78.

Courant P N, Deardorff A V. 1992. International trade with lumpy countries. The Journal of Political Economy, 100 (1): 198-210.

D' Arge R C, Kneese A V. 1972. Environmental quality and international trade.intern. Organization, 26: 419-465.

Daitoh I. 2003. Environmental protection and urban unemployment: environmental policy reform in a polluted dualistic economy.Review of Development Economics, 7 (3): 496-509.

Daitoh I. 2008. Environmental protection and trade liberalization in a small open dual economy. Review of Development Economics, 12 (4): 728-736.

Davidson C, Woodbury S A. 2002. Optimal unemployment insurance with risk aversion and job destruction. Search Theory and Unemployment. W. E. Upjohn Institute for Employment Research: 177-213.

Davidson C, Matusz S J. 2004. International trade and labor markets: theory, evidence, and policy implications.W. E. Upjohn Institute.

Davidson C, Matusz S J. 2005a. Trade and turnover: theory and evidence. Review of International Economics, 13, (5): 861-880.

Davidson C, Matusz S J. 2005b. Trade, turnover and tithing.Journal of International Economics, 66 (1): 157-176.

Davidson C, Martin L, Matusz S. 1999. Trade and search generated unemployment. Journal of International Economics, 48: 271-299.

Davis D R. 1996. Technology, unemployment, and relative wages in a global economy. Nber Working Paper Series: 5636.

Davis D R. 1998. Does European Unemployment prop up American wages? National labor markets and global trade.American Economic Review，88（3）：478-494.

Dean J M，Gangopadhyay S. 1997. Export bans，environmental protection，and unemployment.Review of Development Economics，1：324-336.

Deardorff A V. 1980. The general validity of the law of comparative advantage. The Journal of Political Economy，88（5）：941-957.

Farzin Y H. 1996. Optimal pricing of environmental and natural resource use with stock externalities. Journal of Public Economics，62（1-2）：31-57.

Farzin Y H，Tahvonen O. 1996. Global carbon cycle and the optimal time path of a carbon tax. Oxford Economic Papers，48（4）：515-536.

Fernandez L. 2002. Solving water pollution problems along the US-Mexico border. Environment and Development Economics，7（4）：715-732.

Fields G. 1975. Rural-urban migration，urban unemployment and underemployment，and job-search activity in LDCs. Journal of Development Economics，2（2）：165-187.

Findlay G H，Morrison J G L，Simson I W. 1975. Exogenous ochronosis and pigmented colloid milium from hydroquinone bleaching creams. British Journal of Dermatology，93（6）：613-622.

Frankel J A，Romer D. 1999. Does trade cause growth? American Economic Review，89（3）：379-399.

Funatsu H. 1988. A note on the stability of the Harris-Todaro model with capital mobility.Economica，New Series，55（217）：119-121.

Grossman G M，Krueger A B. 1991. Environmental impacts of a North American free trade agreement. NBER Working Paper：3914.

Gupta M R. 1933. Rural-urban migration，informal sector，and development policies. Journal of Development Economics，41：137-151.

Harris J R，Todaro J M. 1970. Migration，unemployment and development：a two-sector analysis.American Economic Review，60：126-142.

Hazari B R，Sgro P M. 1991. Urban-rural structural adjustment，urban unemployment with traded and non-traded goods.Journal of Development Economics，35：187-196.

Hechscher E F. 1919. The effect of foreign trade on the distribution of income. Ekonomisk Tidskrift：497-512.

Hechscher E F. 1929. A plea for theory in economic history. Economic History，1：525-534.

Helpman E. 1981. International trade in the presence of product differentiation，economies of SCALE and monopolistic competition：a Chamberlin-Heckscher-Ohlin approach. Journal of International Economics，11：305-340.

Helpman E，Itskhoki O. 2008. Labor market rigidity，trade and unemployment. Harvard University.

Working Paper 13365, access date 2010/11/05. URL, http: //www.nber.org/papers/w13365.

Hoel M. 1992. Carbon taxes: an international tax or harmonized domestic taxes? European Economic Review, 36 (2-3): 400-406.

Hoel M. 1993. Efficient climate policy in the presence of free riders. Memorandum from Oslo University, Department of Economics.

Hoel M, Knerndokk S. 1996. Depletion of fossil fuels and the impacts of global warming. Resource and Energy Economics, 18 (2): 115-136.

Ingene C A, Yu E S H. 1982. A theory of interregional wage differentials with interindustry flows under uncertainty. Regional Science, 22 (3): 343-352.

Ingenue C A, Beladi H.1996.Urban unemployment, variable returns to scale and terms of trade.Managerial and Decision Economics, 17: 241-251.

Walter I. 1973. The pollution content of American trade. Western Economic Journal, 11: 61-70.

Ishikawa J. 1994. Revisiting the Stolper-Samuelson and Rybczynski theorems with production externalities. The Canadian Journal of Economics, 27 (1): 101-111.

Johnson H G. 1966. Factor market distortions and the shape of the transformation curve. Econometrica, 34: 686-698.

Johnson H G, Mieszkowski P M. 1970. The effects of unionization on the distribution of income: a general equilibrium approach. Q J Econ, 84: 539-561.

Jones R W. 1956. Factor proportions and the Heckscher-Ohlin theorem. Rev Econ Studies, 24: 1-10.

Jones R W. 1965. The Structure of simple general equilibrium models. Journal of Political Economy, 73: 557-572.

Jones R W. 1971. Distortions in factor markets and the general equilibrium model. The Journal of Political Economy, 79 (3): 437-459.

Jones R W, Spencer B J. 1989. Raw materials, processing activities, and protectionism. The Canadian Journal of Economics / Revue Canadienne D'Economique, 22 (3), 469-486.

Kelley A C. 1965. International migration and economic growth: Australia, 1865-1935.The Journal of Economic History, 25 (3): 333-354.

Kemp M C. 2001. Factor price equalization when the world equilibrium is not unique.Review of Development Economics, 5 (2): 205-210.

Khan M A. 1979. The Hariss-Todaro hypothesis and the Heckscher-Ohlin-Samuelson trade model: a synthesis.Journal of International Economics, 10: 527-547.

Khan M A. 1980. Dynamic stability, wage subsidies and the generalized Harris-Todaro model.Pakistan Economic Review, 19: 1-24.

Khan M A. 1982. Social opportunity costs and immiserizing growth: some observations on the long run versus the short.The Quarterly Journal of Economics, 97 (2): 353-362.

Khan M A. 2007. The Harris-Todaro hypothesis.Pakistan Institute of Development Economics, MPRA Paper No. 2201，posted 07. Access date，2010/11/05，URL，http：//www.pide.org.pk/pdf/Working%20Paper/Working%20 Paper%20No.%2016.pdf.

Kreickemeier U，Nelson D. 2006. Fair wages，unemployment and technological change in a global economy. Journal of International Economics，70（2）：451-469.

Krugman P R. 1979. Increasing returns，monopolistic competition，and international trade. Journal of International Economics，9（4）：469-479.

Krugman P R.1981.Intraindustry specialization and the gains from trade.The Journal of Political Economy，89（5）：959-973.

Krugman P R. 1993. What do undergrads need to know about trade? American Economic Review，83（2）：23-26.

Krugman P R. 2009. Increasing returns in a comparative advantage world.URL，http：//krugman. blogs.nytimes.com/2009/11/04/increasing-returns-in-a-comparative-advantage-world/，access date，2010/11/05.

Kruse D L. 1988. International trade and the labor market experience of displaced workers. Industrial and Labor Relations Review，41（3）：402-417.

Kuznets S. 1995. Economic growth and income inequality. American Economic Review，45：1-28.

Lewis W A. 1954. Economic development with unlimited supplies of labour. Manchester School of Economic and Social Studies，22（2）：139-191.

Lewis W A. 1958. Unlimited labour：further notes. The Manchester School，26（1）：1-32.

Lundborg P，Segerstrom P S. 2000. International migration and growth in developed countries：a theoretical analysis.Economica，New Series，67（268）：579-604.

Magee S. 1976. Internation trade and distortions in factor markets. New York：Dekker.

Magee S. 1980. Three simple tests of the Stolper-Samuelson theorem//Oppenheimer P（Ed.）. Issues in International Economics：Essays in Honor of Harry Johnson. London：Oriel.

Magee S. 1987. The political-economy of US protectionism//Giersch H（Ed.）. Free Trade and the World Economy：Towards an Opening of Markets. Boulder：Westview Press.

Magee S，Young L. 1987. Endogenous protection in the United States，1900-1984// Stern R（Ed.）. US Trade Policies in a Changing World Economy. Cambridge：MIT Press.

Majocchi A. 1972. The impact of environmental measures on international trade. Rivista Internazionale di Scienza Economiche Commerciali，19：458-479.

Marijt S，Beladi H，Chakrabarti A. 2004. Trade and wage inequality in developing countries. Economic Inquiry，42：295-303.

Markusen J R. 1976. International externalities and optimal tax structures.Journal of International Economics，5：15-29.

Markusen J R，Melvin J R. 1981. Trade，factor prices，and the gains from trade with increasing returns to sacle.Canadian Journal of Economics，14：450-469.

Matusz S J. 1985. The Heckscher-Ohlin-Samuelson model with implicit contracts. Quarterly Journal of Economics，100（4）：1313-1329.

Matusz S J. 1986. Implicit contracts，unemployment and international trade. Economic Journal，96（382）：307-322.

Matusz S J. 1996. International trade，the division of labor，and unemployment. International Economic Review，37（1）：71-84.

Mazumdar D. 1976. The urban informal sector. Indian Journal of Industrial Relations，4（8）：655-679.

McCool T. 1982. Wage Subsidies and distortionary taxes in a mobile capital Harris-Todaro model. Economica，New Series，49（193）：69-79.

McGuire M C. 1982. Regulation，factor rewards，and international trade.Journal of Public Economics，17：335-354.

Mehmet O. 1995. Employment creation and green development strategy.Ecological Economics，15：11-19.

Melitz M J. 2003. The impact of trade on intra-industry reallocations and aggregate industry productivity. Econometrica，71（6）：1695-1725.

Mitra D，Ranjan P. 2007. Offshoring and unemployment.NBER Working Paper No. 13149. URL，http：//www.nber.org/papers/w13149，access date，2010/11/05.

Neary J P. 1981.On the Harris-Todaro model with intersectoral capital mobility. Economica，48：219-234.

Ohlin B. 1924. The theory of trade，translated in Flam H，Flanders J. Heckscher-Ohlin trade theory. Cambridge：The MIT Press：73-214.

Ohlin B. 1933. Interregional and international trade. Cambridge，Mass：Harvard University Press.

Pethig R. 1976. Pollution，welfare，and environmental policy in the theory of comparative advantage.Journal of Environmental Economics and Management，2：160-169.

Rauscher M. 1997. Conspicuous consumption，economic growth，and taxation. Journal of Economics/Zeitschrift fur Nationalokonomie，66（1）：35-42.

Renner Michael. 1991. Jobs in a sustainable economy. Worldwatch Paper 104，Washington，DC：Worldwatch Institute.

Ricard D. 1963. On the principles of political economy and taxation. Homewood，IL：Irwin，1963. The basic source for the Ricardian model is Ricardo himself in this book，first published in 1817.

Robbins D. 1996.HOS Hits facts：facts win：evidence on trade and wages in developing world.Discussion Paper No 557. Harvard Institute for International Development（HIID）.

Romer D.2001.Advanced macroeconomic. Boston：McGraw-Hill.

Samuelson P A.1949.Samuelson，international factor-price equalisation once again.The Economic Journal，59（234）：181-197.

Santiago R，Luisa E. 2001. Strategic pigouvian taxation，stock externalities and polluting non-renewable resources. Journal of Public Economics，79（2）：297-313.

Siebert H. 1974. Environmental protection and international specialization. Weltwirtschaftliches Archiv，110：494-508.

Siebert H，Eichberger J，Gronych R，et al. 1980. Trade and environment：a theoretical enquiry. Amsterdam：Elsevier/North Holland Press.

Sinclair P. 1992. High does nothing and rising is worse：carbon taxes should keep declining to cut harmful emissions. The Manchester School，60（1）：41-52.

Sinclair P. 1994. On the optimum trend of fossil fuel taxation. Oxford Economic：869-877.

Stiglitz J E. 1974. Alternative theories of wage determination and unemployment in LDC's：the labor turnover model.The Quarterly Journal of Economics，88（2）：194-227.

Tahvonen O. 1995. International CO_2 taxation and the dynamics of fossil fuel markets. International Tax and Public Finance，2（2）：261-278.

Tahvonen O. 1996. Trade with polluting nonrenewable resources. Journal of Environmental Economics and Management，30（1）：1-17.

Todaro M P. 1976. Migration and economic development：a review of theory，evidence，methodology and research priorities. Occasional Paper 18，Nairobi：Institute for Development Studies, University of Nairobi.

Todaro M P.1986.Internal migration and urban employment：comment.The American Economic Review，76（3）：566-569.

Ulph A M，Ulph D T. 1994. Labour markets and innovation：ex-post bargaining. European Economic Review，38（1）：195-210.

Wang L F S. 1990. Unemployment and backward incidence of pollution control. Journal of environmental economics and management，18：292-298.

Wirl F. 1994. Pigouvian taxation of energy for stock and flow externalities and strategic，non-competitive pricing. Journal of Environmental Economics and Management，26：1-18.

Wirl F. 1995. The exploitation of fossil fuels under the threat of global warming and carbon taxes：a dynamic game approach. Environmental and Resource Economics，5（4）：333-352.

Wirl F，Dockner E. 1995. Leviathan governments and carbon taxes：costs and potential benefits. European Economic Review，39（6）：1215-1236.

Wood A.1997.Openness and wage inequality in developing countries：the latin American challenge to east Asian conventional wisdom.World Bank Economic Review，11：33-57.

Yabuuchi S.1993.Urban unemployment，international capital mobility and development policy.Journal of Development Economics，41：399-403.

Yohe G W.1979.The backward incidence of pollution control—some comparative statics in general equilibrium. J Environ Econ Manage，6（3）：187-198.

致　谢

　　本书在撰写期间得到了大连理工大学安辉教授、成立为教授、任曙明教授以及逯宇铎教授的支持与帮助，在这里对他们表示深深的感谢。另外，感谢两位外审专家教授的批评与指正。本书的支撑研究有省自然科学基金计划重点项目 1 项，大连理工大学基本科研业务费人才引进基金 2 项，大连市项目 2 项，相关自然基金 2 项，国家社会科学基金 2 项。作者在国际期刊 *Energy Policy*（SCI，SSCI）发表长篇英文论文 1 篇，2 篇 ISTP 会议检索论文，以及 1 篇 EI 会议检索论文，并参与编著教材多部。最后，感谢硕博连读期间的指导教师秋田教授和博士期间的副指导教师铃木教授的敦敦教诲，正是他们的教导才形成了本书的初始的构思，得以在博士论文的基础上做了修改和延伸。

　　特别感谢科学出版社所有工作人员的无私奉献与大力支持。

徐学柳

2017 年 8 月 11 日于大连理工大学